生物学实验教学研究

（第二版）

燕 艳 徐宜兰 尹 苗 主编

科学出版社

北 京

内 容 简 介

本书是为适应高等师范院校生物教育专业及中学生物学教学改革需要而编写。本书以研究当今中学生物学教师所需要的实验教学理论、方法和能力为基本任务，以理论系统、方法新颖、语言简练、内容丰富，又便于自学为基本要求。全书内容共8章，主要对生物学实验教学研究进行了概述，重点介绍了生物学实验教学目标、类型，生物学实验教学过程及优化，生物学实验设计和生物学实验教学评价，还介绍了生物学实验材料的采集与制作、生物学实验教学主要场所等。

本书可作为高等师范院校生物教育专业学生学习和中学生物学教师进修的教材，也可作为生物学教学论专业研究生、生物教育硕士专业研究生、生物学教学研究机构及中学生物学教师的教学参考书。

图书在版编目（CIP）数据

生物学实验教学研究 / 燕艳，徐宜兰，尹苗主编. —2版. —北京：科学出版社，2016

ISBN 978-7-03-051378-6

Ⅰ. ①生… Ⅱ. ①燕… ②徐… ③尹… Ⅲ. ①生物课-实验-教学研究-师范大学-教材 ②生物课-实验-教学研究-中学 Ⅳ. ①G633.912

中国版本图书馆CIP数据核字（2016）第314323号

责任编辑：刘 丹 / 责任校对：张怡君
责任印制：张 伟 / 封面设计：明轩堂

科学出版社 出版
北京东黄城根北街16号
邮政编码：100717
http://www.sciencep.com
北京凌奇印刷有限责任公司 印刷
科学出版社发行 各地新华书店经销
*
2004年 6 月第 一 版 开本：720×1000 B5
2016年12月第 二 版 印张：11 1/2
2023年 6 月第七次印刷 字数：222 000

定价：48.00元

（如有印装质量问题，我社负责调换）

《生物学实验教学研究》（第二版）
编委会

主　编　燕　艳　徐宜兰　尹　苗

编　委　（按姓氏笔画排序）

卜庆梅　王秋华　尹　苗　刘　坤

杨　珺　张　峰　周续莲　贺建东

徐宜兰　燕　艳

主　审　陈继贞　张祥沛

前　言

生物学是一门以实验为基础的科学。生物学实验教学是中学生物学教学的重要组成部分，是达成中学生物学教学目标的基本途径。搞好生物学实验教学研究，对于培养合格的中学生物学教师，推进基础生物学教育教学改革，贯彻素质教育的要求有重要意义。基于这一初衷，2004 年我们编写了《生物学实验教学研究》，该教材出版发行以来得到了广大读者的厚爱和好评。为适应课程改革深入发展的要求，修订出版以来广大读者在阅读中发现的问题，吸收一些有益建议，我们决定再版。

根据生物学实验教学的特点，在再版过程中注意理论联系实际，既探讨生物学实验教学的理论，更重视生物学实验教学的实践性和操作性。本教材既是编者教学和科研的总结，又吸收了国内外最新的科研成果，力求理论新颖，与时代同步，有助于当前中学生物学教学改革。

本书由陈继贞教授、燕艳副教授编写提纲，徐宜兰老师、尹苗副教授参与了修订。编写分工如下：徐宜兰（第 1 章）、刘坤（第 2 章）、王秋华（第 3 章）、燕艳（第 4 章）、尹苗和张峰（第 5 章）、卜庆梅（第 6 章）、周续莲（第 7 章）、杨珺和贺建东（第 8 章）。最后由陈继贞教授、张祥沛审阅定稿。

本书的出版得到了曲阜师范大学生命科学学院、山东师范大学生命科学学院、科学出版社的大力支持和帮助。参阅了同行、专家的著作、论文，在此我们表示衷心的感谢。

编　者

2016 年 11 月

前 言

目　　录

第1章　生物学实验教学研究概述

内容提要：①生物学实验教学的概念、地位与作用；②生物学实验的概念与特点；③生物学实验教学的主要任务；④生物学实验教学研究方法与步骤；⑤生物学实验教学的展望。理解生物学实验教学的概念，掌握生物学实验教学研究的方法与步骤，清楚生物学实验教学的发展趋势。

生物学是一门集实验性、实践性及科学性于一身的自然科学，随着现代科学的发展，它越来越显示出其作为21世纪领先学科的独特魅力。实验教学是生物教学不可分割的重要组成部分，它是帮助学生实现由感性认识到理性认识，由具体思维到抽象思维飞跃的一个重要环节，应当引起广大生物教师的高度重视。因此，各国在中学生物教学中都极为重视实验教学。搞好生物学实验教学研究，对于培养合格的中学生物学教师，推进基础生物学教育教学改革，贯彻落实素质教育有重要意义。

根据生物课程标准规定的培养目标，中学生物学教学内容增加了实验的数量和类型，变化较大。从实验的类型上看，既有验证性实验（如观察细胞的有丝分裂等），又有探索性实验（如酶的高效性和专一性等），有些实验既可以是探索性实验，又可以是验证性实验（如植物细胞的质壁分离与复原等）；既有训练基本技能的实验（如高倍镜的使用和观察叶绿体的装片），又有帮助学生学习科学研究的一般方法、发展科学探索技能的实验（如植物向性运动的实验设计和观察等）；既有定性分析实验（如生物组织中可溶性还原糖、脂肪、蛋白质的鉴定等），又有定量分析实验（如几种果蔬中维生素C含量的测定）。

回顾传统的生物实验教学，虽然也有知识、操作及各种能力的要求，但其核心仍停留在基础知识的学习和基本技能的培养上，追求反复记忆和重复训练，结果只能培养大量模仿型或熟练操作型的“实验操作工”，这显然已经不能完全适应当今以培养学生实验创新能力为核心的素质教育的需要。且由于种种原因，目前生物实验教学没有引起足够的重视，缺乏有效的规范管理。

随着生物学课程改革进一步深入开展，生物学实验教学越来越引起人们的重视，反观生物学实验教学现状，深感实验教学的滞后，将严重影响和制约新课改的实施。加强生物实验教学改革，使之与现代素质教育的要求相一致，这不仅是教育观念的转变，也是每个生物教师面临的全新实验研究课题。生物学实验教学如何适应现代生物科学技术的发展水平，以满足社会主义现代化建设对科技人才的需求，这是当前生物教学改革的重要课题之一。

1.1　生物学实验

1.1.1　生物学实验的概念

生物学是一门以实验为基础的自然学科，几乎所有的生物学规律都源于生物学实验。生物学实验是有一定的研究对象，并根据研究目的，运用一定手段（仪器、设备等）主动控制、干预研究对象，或控制条件，即创造一种典型环境或特殊条件等，并在其中进行的探索生命现象及其运动规律的实践活动。

在每一个实验过程中，从实验意念的产生到实验方案的设计，从实验结果的分析到实验报告的完成，每一步都是思维的结果。

1.1.2　生物学实验的特殊性

物理学、化学等自然科学都是实验学科，这些学科的创立和发展，也都离不开科学实验。同物理学、化学实验相比，生物学实验有以下几个独特之处。

1. 实验场所灵活多样

生物学面向广阔的自然界，自然界内的大小生命系统都可以成为生物学实验的对象；不同的动植物生命活动都可以用来达到同样的教学目的。由此可见，生物学实验比起物理、化学实验，条件显得更为优越。除了充分利用生物实验室外，校内的生物角、生物园，校外的农田、山林、江河湖海、动物园、植物园、自然博物馆等，都可以用来做生物学实践活动活的实验室。在目前我国中学实验条件缺乏的情况下，更应发挥生物学实验的这一优势。

2. 实验周期较长

生物的生命活动，一般都要持续一段较长的时间。因此，生物学实验的周期往往较长。如繁殖极快的果蝇，繁殖一代也需用十几天时间。杂交育种实验从制种到育成新品种，在正常情况下至少也要经过两三年的努力。根据这一特点，中学生物学实验应注意周密计划，统筹安排，尤其要注意实验材料用具的使用和供应问题。

3. 实验材料多为有生命的个体

实验材料大多是活的生物。例如，探究光对鼠妇生活的影响，组织学生捉鼠妇；观察草履虫，需要教师提前半个月培养草履虫；为了做光合作用实验，需要培育多盆天竺葵；观察小鱼尾鳍内血液的流动，探究鱼鳍在游泳中的作用，都要用到活小鱼等。这些实验材料的准备都费时、费力又费钱，而且不能重复使用，每年都要重新准备，这也是生物实验课开课情况不好的一个主要原因。

4. 实验内容受季节影响较大

生物的生命活动受温度、光照等条件的影响很大，在目前中学实验室现有条件下，实验材料的获取或培养也要受季节影响。例如，观察花的结构，在 12 月份很难采到花；观察蚯蚓、草履虫的培养，种子萌发，光合作用等都受到季节的影响。

5. 综合性实验多

生命运动是比物理、化学等运动形式更高级的物质运动形式。这种物质运动形式的复杂精细的过程，既呈现出生命的本质特征，又受非生命变量的影响和制约。因此生物学实验大都是综合性的，既要突出生命性，又必须运用物理、化学等学科的判断标准。例如，初中生物中的活体解剖青蛙及脊蛙反射实验，都要借助特定的化学药品和一定的物理条件。又如，在高中生物中所列举的孟德尔豌豆杂交实验里，除考虑豌豆种子的质量以外，还必须顾及土质、肥料、温度、杂交技术等非生命因素。生物学实验的综合性，为培养学生的准确操作能力、综合观察能力及多学科的思辨能力，提供了机会。

1.1.3 生物学实验的发展历程

1. 古代生物学实验

从某种意义上讲，生物学是和人类及其实践活动一起诞生的，生物学实验也是源于人类的各种实践和尝试。人类真正有意识地认识生物，是从原始社会人的采集和狩猎开始的。没有原始人的各种实践和尝试，今天的“实验”也就成为无源之水、无本之木。

进入文明社会以后，人们开始有目的地对各种生物的形态、习性进行探索。传说在大约公元前 2000 年的中国夏代，人们就已经知道酿酒了，有文字记载的是公元前 1600 年的殷代，人们用曲糵制酒。酿酒业可以说是古人比较系统地进行“生物学实验”操作的典型代表。公元前 1000 年，中国的《诗经》就有了大量关于动物、植物知识的记载，都是人们观察自然后进行的描述。

关于杂交实验最早的记载，是公元 121 年我国东汉时期的许慎所著《说文解字》中提到的“蠃，驴父马母者也；駃騠，马父蠃子也。”大约公元前 600 年，古希腊生理学家阿尔克迈翁即对人和动物的尸体进行了解剖。被西方称为“生物学始祖”和“动物学之父”的古希腊哲学家、动物学家亚里士多德（公元前 384～

公元前322）曾对540种动物进行了分类，对其中50多种动物进行了活体解剖观察，并做了详细记录。在我国古代就曾有神农尝百草，“一日而遇七十毒”的传说。古人为了认识自然现象而自觉地通过简陋的手段专门进行一些观察和比较，可以看作科学实验的先驱。

由于古人探索实验手段简单、工具简陋和方法局限，古代生物学实验的特点表现为：①以观察为主的手段和以描述事实为主的结论；②还没有从以经验为主的劳动实践中分化出来，其实验的目的和内容是直接获取人类所需要的物质，其技术手段是生产实践中的经验积累；③还没有完全摆脱原始的思辨，即还没有完全从自然哲学中分化出来。

2. 近代生物学实验

生物学实验在走向科学的道路上经历了艰难和曲折。维萨里、塞尔维特等作为科学实验的先驱，为探索生命的本质而献身，而他们最初的探索，还是没有完全摆脱以“考察事实”为主的解剖实验。真正开创以科学研究为主的生物学实验的是英国生理学家、医生威廉·哈维（W. Harvey，1578～1657）。他应用了正确的研究方法——在观察事实的基础上提出假设，并通过实验来证实假设。哈维之后，生物学实验开始在生理学、微生物学、细胞学、遗传学等领域迅速发展起来，同时推动了这些领域的发展。

近代工业技术的巨大发展，使得许多先进的仪器设备进入科学实验，如显微镜的出现和改进。物理学、化学、医药学的方法、手段等引入生物学实验，对生物学的一些问题做出了科学的解释。1821年，由法国生理学家马真迪（F. Magendi，1783～1855）创办的《实验生理学杂志》正式创刊，这是生物学史上第一本以实验研究为内容的杂志。它的诞生，促进了实验生理学的发展及实验方法在生物学研究中的应用。19世纪，科学实验在生物学领域呈现出全面繁荣的局面。

近代生物学实验从古代的生产实践中分化出来，走上了科学的道路，有如下特点：①生物学实验不再是对自然现象的观察和描述，而是有目的地对生命本质的探索；②生物学实验从原始的生产实践中分化出来；③建立了生物学实验的方法和手段。

3. 现代生物学实验

19世纪末，自然科学开始了全面的、革命性的发展，生物学实验也进入了现代发展阶段，现代生物学实验的内容更为深入和广泛，设备、方法和手段更为完善和先进。1895年，德国物理学家伦琴（W. K. Rontgen，1845～1923）发现X射线。1951年，英国生物物理学家威尔金斯（M. Wilkins，1916～2004）将X射线衍射技术应用到对DNA结构的研究中，获得了突破性进展。美国遗传学家沃森（J. Watson，1928～）和英国物理学家克里克（F. H. C. Crick，1916～2004），在此基础上于 1953 年提出了 DNA 双螺旋结构的分子模型。放射性的发现及同位素示踪技术，开辟了现代生物学实验的新途径。

随着现代物理学、化学的发展，越来越多的新技术被引入现代生物学实验中。20 世纪 40 年代以后发明了核磁共振技术，20 世纪 60 年代激光技术、超速离心机、层析技术、电泳技术等都广泛应用到生物学领域中，促进了现代生物学实验的发展。电子显微镜、扫描隧道电子显微镜的使用使人类对生物超显微结构有了更深入的认识。20 世纪 70 年代在分子生物学基础上发展起来的现代生物技术——生物工程的产生和发展，标志着现代生物学实验已经摆脱了传统模式，而直接将生命科学的理论和发现应用于生产实践的探索。电子计算机的应用使生物学实验的周期大大缩短，而且使实验的准确度大大提高。数学模型广泛应用到高级神经活动的生理学、复杂的生物系统、遗传学、生态学的研究中是现代生物学实验革命的另一个标志。

现代生物学实验从内容到手段、方法，乃至实验模式，都发生了巨大的变革，有如下特点：①物理学和化学的新成果、新技术为生物学实验提供了日益完善和精密的实验手段；②生物学实验与生物技术的关系日益紧密；③生物学实验传统模式的变革。总之，20 世纪以来，生物学实验取得了突破性进展，生物科学也获得巨大的发展。21 世纪，生物科学将成为整个科学的前沿学科，生物学实验的作用也将越来越大。

1.2　生物学实验教学

1.2.1　生物学实验教学的概念

在生物学教学活动中，以实验作为重要教学内容的教学，都称为生物学实验教学，即根据生物学的教学目的、学生的认识水平、教学条件，有目的地安排、设计一些类似科学实验的模式、程序，在规定的较短时间内进行实验操作，以达到实验目的要求的教学实践活动。在生物学教学中做的生物学实验称为生物学教学实验。

1.2.2　生物学实验与生物学教学实验的区别与联系

1. 一致性

（1）实验的性质　两类实验都有目的性，从认识论的角度来看都具有可知性。

（2）实验的构成　从静态来看，由实验者、实验对象和实验手段组成；从动态来看，都要经过实验的准备、实验的实施和实验结果的处理 3 个基本阶段。

（3）实验的功能　从在认识论中的地位来看，都是沟通实验客体与科学认识或教学认识（学习认识）的中介；从对认识论的作用来看，是认识的来源和动力，是检验真理的标准。

（4）实验的理论指导　两类实验的设计、实施和结论的获得都离不开科学方法的指导，生物学实验是以实验方法论为指导，教学实验要接受实验方法和教学论方法的共同指导。

2. 差异性

（1）实验目的　从实验的目的来看，科学实验的主体是科学工作者，他们具有扎实的理论知识、科研能力和良好的科学素质。科学实验是为了发现新问题，探索新规律，即未知的自然现象和事物的发展规律；教学实验的主体是学生，教学实验的目的是在教师的指导下，学生通过实验获得知识、掌握技能、学习方法、培养能力、提高科学素质。

（2）实验内容　从实验的内容看，科学实验的内容对科学工作者来说一般是未知的自然现象或新问题；教学实验的内容对学生来说虽然也是未知的，但对人类来说是已知的，而且是最基本的。

（3）实验过程　从实验的过程看，科学实验的过程比较复杂，费时费工，往往要经历数十次、上百次的失败，最后才有可能获得成功；教学实验一般在较短的时间内就可以得到肯定的实验结果，得出正确的实验结论。

（4）实验手段　从实验的手段看，一般来说科学实验所用的实验手段比较先进、复杂；生物学教学实验所需的实验手段比较简单，容易操作。

1.2.3　生物学实验教学在中学教育中的特殊地位

生物学是自然科学中的一门基础学科，是研究生命现象和生命活动规律的科学。它是农业科学、医药科学、环境科学及其他有关科学和技术的基础，是每一个接受中等教育的公民都必须学习的课程。生物学的研究经历了从现象到本质、从定性到定量的发展过程。当今，它在微观和宏观两个方向的发展都非常迅速，并且与信息技术和工程技术的结合日益紧密，正在对社会、经济和人类生活产生越来越大的影响。生物学有着与其他自然科学相同的性质。它不仅是一个结论丰富的知识体系，也包括了人类认识自然现象和规律的一些特有的思维方式和探究过程。生物学的发展需要许多人的共同努力和不断探索。生物学的学科属性是生物学课程性质的重要决定因素。

中学生物学课程不是专业课，也不是劳动技能课，而是学生学习科学文化知识的基础课程。我国《全日制义务教育生物课程标准》就明确规定生物课是义务教育初中阶段必修的一门基础课，还规定生物课在初一年级开始设课。由于初一年级不开设物理和化学课程，这样，生物学就是中学生开始学习理科的起始学科。所以，生物学实验也是中学生开始学习理科实验的起始科目，是中学生首先接触到的理科实验。在重视学生自然科学素养培养的今天，生物学实验教学将有着重要的特殊地位，对于培养学生良好的实验习惯、实验技能和实验能力，为今后的物理、化学实验教学打好基础，是至关重要的。

高中教育阶段的生物学课程是科学领域的重要学科课程之一，其精要是展示生物学的基本内容，反映自然科学的本质。它既要让学生获得基础的生物学知识，又要让学生领悟生物学家在研究过程中所持有的观点以及解决问题的思路和方法。学习生物学课程是每个未来公民不可或缺的教育经历，其学习成果是公民素养的基本组成。高中教育阶段的生物学课程是以提高学生生物学核心素养为宗旨的课程，是树立社会主义核心价值观、实现“立德树人”根本任务的重要载体。高中生物学实验教学可以让学生主动地参与学习过程，在亲历提出问题、获取信息、寻找证据、检验假设和发现规律等过程中习得生物学知识，养成理性思维的习惯，形成积极的科学态度，发展终身学习的能力。

1.2.4　生物学实验教学在培养学生中的作用

理论和实践都告诉我们，生物学实验教学对于培养学生所起的作用是多方面的，对于完成教学任务，实现教学目标不是粉笔加黑板或教师口头传授、电脑模拟所能替代的，无论是知识的获得、技能的训练，还是智能的发展、人格的养成，其效能都是独特的、高效的。

1. 激发学生兴趣，调动学习积极性

生物学实验能引起学生浓厚的认知兴趣和强烈的求知欲望。认知兴趣是学习动机中最现实、最活跃的成分。在生物学实验过程中，引起学生的认识兴趣主要表现在，对实验现象的观察、实验过程的操作、实验结果的分析解释等方面会产生直接和间接的兴趣。中学生亲自动手进行实验操作，实验的成功会给他们以激励，带来极大的学习兴趣。直接兴趣和间接兴趣的有机结合，有利于发展学生学习的稳定兴趣，并进一步调动学生的学习积极性和主动性，从而成为推动学生努力学习的巨大动力。

2. 加深学生对知识的理解

在生物学教学中，理论、概念、原理、规律、认知，都是知识的同义词。实验能帮助学生加深对它们的理解与记忆，并有可能在实验的过程中发现新知。

实验的直观性、可比性、科学性、教育性、可操作性都是极强的，把实验引入生物学教学，其教学效果是可想而知的，很多难点将会迎刃而解。实

验是对实物的观察研究，所以能增强实验者的感性认识。记忆的本质是联想，而实验的操作过程及由此发生的感性认识则是联想的基础，同时也是深化理解的基础。实验的本质是实践、是探索，所以就有可能发现新知，丰富原知，修正旧知。

生物学实验是检验和考核学生理解和掌握生物学知识的一种有效方法，也是考核实验操作技能的最好方法。例如，复习“脊髓的功能”时，可通过是否出现搔扒反射及其原因，回答搔扒反射的反射弧由哪几部分组成，再经过归纳、综合、总结，就可以使所学的有关知识系统化，掌握得更加牢固。

3. 训练生物学技能

这里所说的技能是指操作技能：活动方式属于外现的，活动对象是物质性的，是在大脑指挥下通过外部运动来完成的，是学习者运用一定的知识，通过练习而获得的。例如，制作生物标本的技能，采集、培养和处理实验材料的技能，使用实验仪器、器械的技能，测量、绘图、记录和统计分析实验结果的技能，在实验园地进行劳作与管理的技能，等等。

与获取书本知识不同，操作技能的获取仅依靠书本是不可以的，知道了如何做，不等于会做，这就像要了解什么是克隆技术？克隆技术是如何操作的？也许只要看看书本就可以了，但要自己也会操作克隆技术，那就得在知道了其操作的要领之后，认认真真地去训练了。在生物学的教学中，操作技能作为学习生物学的基本技能和生物学教学的一项基本任务，也只有在生物学的实验中进行训练和完成了。

在生物学实验中，操作的正确与否决定着能否得到结果或能否得到正确的结果。在生物学的研究中，操作技能的高低，最终将影响研究的成败。当今，熟知克隆技术原理，深知研究程序，并长期在研究着克隆的生物学家不知有多少，但人们知道的成功者是极有限的，也许原因就是技术问题。因此说，生物学基本技能的获得比基本知识的获得要难得多。

生物学基本知识的学习与基本技能的训练性质不同，但二者是相辅相成的，互相作用的。二者作为生物学教学的核心内容，又是学生智能发展的基础。

4. 开发学生智力

智能是“智力技能”的简称，是指人在实践中顺利完成某种任务的活动方式和程序。属于内潜的，其活动对象是观念性的，在头脑内完成的，通常称为智力技能。例如，对事物与现象在头脑里进行比较、分析、综合等。智能也是“智力”与“能力”的合称，二者的含义有其相关性和一致性：能力通常指完成一定活动的本领，包括完成一定活动的具体方式，以及保证顺利完成一定活动所必需的心理特征；智力是指人认识、理解客观事物并运用知识、经验等解决问题的能力。这种能力集中表现在反映客观事物深刻、正确、完整的程度上，也表现在应用知识解决实际问题的速度和质量上。它包括观察力、记忆力、思维力、想象力等，属于心理活动的范畴。归纳二者的含义，可以认为智能是心理与操作、实践与应用、过程与方法的综合体。

心理学告诉我们，人脑有一些最富创造性的特殊区域，当双手做精细灵巧的动作时，就能把这些区域的脑细胞的活力激发出来，从而把潜在的创造能力变为实际的创造能力。所以为获得知识或运用知识、为学习技能或运用技能而进行的实验活动，是培养学生创造能力的有效手段。

实验是手脑并用的实践活动，是培养学生观察能力最直接、最有效的途径，能够使学生较为容易地抓住事物的本质，分析问题的因果关系，找出解决问题的根本方法和措施。如果教师引导得力，一定会使学生分析问题和解决问题的能力得到较快的提高。

实验在一定程度上是模仿科学研究的过程，是一种基本的科学研究方法。探究性的实验教学以及学生开展实验设计的活动对培养学生提出问题、做出假设、设计实验、实施实验、观察记录、整理数据、分析推理等多方面科学研究能力的发展都是十分有利的。因此说，实验这一教学形式对于学生智能的发展是不可或缺的，学校、教师、学生都应该认真对待，高度重视。

5. 帮助学生掌握科学研究的基本过程

科学思维方法的首要问题是明确科学研究的基本过程，即解决问题的程序。初中所有的生物实验几乎都体现了这条思路。

以“观察鼠妇活动”的实验设计思路为例说明。

第一步，通过观察发现问题。为什么在花盆下、石块下等处容易找到鼠妇？这些地方有什么特点？

第二步，提出假设（对发现的问题大胆提出猜测和解释）。①鼠妇的活动可能与光照条件有关。②鼠妇的活动还可能和水分以及其他外界因素有关，等等。

第三步，设计实验，验证假说。在这个阶段，实验的目的、任务、方法、材料、装置等都是根据假设来确定的。所以，实验的理论依据主要是假设（当然还有赖于学生对有关科学知识的掌握情况）。①先检验“光照”对鼠妇活动有无影响。②为了消除无关变量的干扰，突出自变量，找出自变量和因变量的因果联系，必须创造一个除“光照”以外其他条件均相同的、只有明暗两处相通的场所。把一定数量的鼠妇放在其中，观察鼠妇在明暗两处的数量分布情况。

第四步，分析、讨论实验结果，推导结论，验证假设的真伪。

通过“鼠妇实验”，要帮助学生感受和理解科学研究的基本过程：问题→假设→实验→结论。

需要说明一点，科学的“假设”绝不是无根据的凭空捏造，而是要有科学根据的。这种根据来源于人们已有的知识，或者来源于别人的研究成果，或者来源于对客观实际的观察。

例如，在研究“消化”的实验里所提出的假设：“细胞膜只能透过小分子物质，食物中的大分子物质必须先变成小分子物质才能透过细胞膜。” 这个假设的理论根据是：①人和动物都是由细胞构成的；②生活的细胞需要从外界吸收营养物质；③营养物质是通过细胞膜进入细胞里的；④人和动物的营养物质来源于食物；⑤食物营养成分中有大分子物质。通过生物实验使学生理解科学研究的基本过程，经过反复训练，完全可以把这种思考问题的程序内化为学生的思维习惯。

6. 有利于学生优秀品格的形成

生物课程标准中所规定的思想与品德教育、情感态度与价值观教育、人文精神教育、意志与信念教育等，都属于人格教育的范畴。对于这些人格特征的教育或养成，生物学实验或多或少地发挥着作用。

1）辩证唯物主义

生命的物质性观点，生命物质的运动、变化观点，事物的普遍联系观点，矛盾的对立统一观点，以及生物进化观点和生态学观点等辩证唯物主义观点，在生物学实验中都不同程度地有所体现。生物学实验不仅可以为学生提供丰富的感性认识材料，而且还使学生受到最为生动的辩证唯物主义的基本规律和观点的教育。

此外，通过生物学实验还能培养学生勤俭节约、爱护公物、讲究卫生、互相协作的美德，以及提高学生的审美意识，养成良好的实验习惯。

2）树立信念

实验是形象和直观的，可以把生命现象活生生地揭示出来，能让学生看到自己平时看不到的生物微观世界，看到平时看不到的生理过程和生理现象，并且这些生理过程和生理现象都是在自己的努力下，亲自观察到和体验到的，因此，学生会十分地兴奋和感兴趣。越是感兴趣，实验的积极性就越高，积极性越高，实验的认真程度就越大，就越能克服困难，越有可能取得成功。对少年儿童来说，成功往往是兴趣推动的，所以就有可能因兴趣而引发成功，因成功而树立信念。对此，教师应想方设法把孩子们引向成功，既要重过程，又要重结果，对于探究性或研究性实验尤其应当如此。

3）启迪思维

通过实验，能使学生切实地认识到一切生命活动都是以物质、能量、信息为基础的；认识到生物与环境、生物与生物、结构与功能、整体与部分的辩证统一，认识到生命是复杂多样的、事物是变化发展的，这就能为他们形成辩证唯物主义自然观打下良好的基础。

如果我们的实验教学不仅仅是教科书上所规定的几个实验，也不仅仅是几个形式上的研究性学习，而是把实验课上宽、上新、上实，对于学生思想意识的启迪将会更加有效。有报道说：有位外籍教师曾指导学生做过“蜜蜂和苍蝇谁更聪明”的实验。他首先让学生们想象谁更聪明，然后自行设计实验加以操作。学生们把苍蝇和蜜蜂分装在两个玻璃瓶里，让瓶的底部面向光源。苍蝇碰壁若干次后，转头从瓶口飞出，而蜜蜂无论碰壁多少次也飞不出瓶子。后来，他们又把苍蝇和蜜蜂装在同一个瓶子里，结果照旧，蜜蜂非但不能自己飞出，就连模仿的行为都没有。这个结果与同学们的想象大相径庭，社会性那么强的、能够采花酿蜜的可爱的小蜜蜂怎么连可恶的苍蝇都不如呢？真是尺有所短寸有所长啊！判定生物是高等还是低等，是进化还是不太进化不能轻易下结论啊！生物简直是太复杂了，太奇妙了！

在生物学的教学中，如果也能做一些类似的实验，所得到的就不仅仅是知识、技能与能力了，还有对灵魂深处的震撼与启迪。

4）养成科学态度

生物学实验本身具有严密的科学性，需要实事求是的态度，只有遵循正确的实验方法和步骤，才能达到既定的实验目的。因此，在实验中，必须要求学生认真执行操作规程，仔细观察实验现象，尊重实验结果的客观事实。这样做，就能使学生逐步树立起严谨的科学态度，养成实事求是的工作作风和认真仔细的学习习惯。

5）培养团队精神

团队协作精神，是每个人融入社会必须具有的素质之一。成就小事靠能，成就大事靠德，能与人和谐相处，是做人做事的基本条件。学生实验大多是以小组为单位，这种在实验过程中的合作，有助于培养团队协作精神。

在生物学教学实践中应重视生物学实验教学，发挥其启智育人功能，并与其他教学形式有机结合，完善生物学教学功能，实现生物学教学过程与教学效果的最优化。

1.3 生物学实验教学研究的主要任务

以往关于中学生物学实验改进方面的研究，一般是改进实验装置或更换实验材料，使实验现象更加明显，便于学生观察、理解。从培养学生的思维能力和科学方法的角度去改进中学生物实验的研究却很少。下面从生物学实验教学的整个环节来阐述一下生物学实验教学研究的任务。

1.3.1 生物学实验教学目标

生物学是建立在科学实验基础上的自然学科。学生在中学阶段所学的生物学知识，都是前人经过无数实验才总结出来的。学生不但要学习科学家研究的成果，还要学习科学家通过实验进行科学研究的方法。培养学生科学实验能力是中学生物教学的任务之一。因此，中学实验教学不但要使学生能正确使用生物实验常用的仪器（如显微镜）和各种工具，具备一定的操作能力，还要使学生学会科学的观察方法，能记录、能整理实验观察结果，得出结论；对日常生活、生产中遇到的生物学现象，会提出问题、做出假设、设计实验、进行研究，分析和解释实验中产生的现象或数据，得出合理的结论；培养学生形成比较、判断、推理、分析、综合等思维能力，让学生养成科学的思维方式，为学生进入高等学校后，进行更高层次的学习和研究打下基础。

以实验为中心，以实验带动知识点是新教材最明显的特点。因而实验教学是提高生物学教学质量的基本环节。那么怎样才能使生物学实验教学达到生物课标对实验教学的要求？怎么提高实验教学的课堂效果？怎样才能培养出高分高能的学生，避免出现高分低能的学生？解决上述问题，首要任务是确立符合新课程理念的教学目标。

1.3.2 实验教学方法与手段

实验教学方法、模式应向有利于学生主动探究知识方面转变。传统的生物学实验教学方法，教师在教学中往往是边演示边讲解，许多教师生怕学生不能快速地学会操作方法，常常演示讲解得很仔细，还反复地强调操作要领，殊不知这种做法（教学法）不仅过多占去了学生的实践时间，还限制了学生发挥自己创造能力的空间和余地，不利于学生创新能力的培养。这种教学法给学生创设的是一种理想化情境，学生获得成功，知识来得太容易、太顺利。因此，在某种程度上讲这种做法有意无意地剥夺了学生接触真实生产和生活的机会，学生因此而获得的知识和技能也很难在实践中加以应用，最终导致学生驾驭生活、生产的能力下降。

鉴于此，必须进行实验教学研究。应在教学中多创设一些与真实生活、生产相类似的情境和环境，让学生真实地感受生活，感受社会，感受生产。教师不应过多地讲解演示，只要指出路子即可。甚至可以放开让学生独立参照某项实验实践内容要求去实践探索，应让学生充分地进行实践，自由地展示自己的才华和能力。

生物学课程标准对实验教学提出了新要求，只有积极改进教学方法，才能达成新的课程目标和教学要求。积极实施探究式教学，有效引导学生主动参与教学过程，激发学生独立思考和创新意识，发展学生的兴趣、爱好和特长，这应是教师实施实验教学的新追求。积极拓展实验的开放性，努力增强实验的探索性，注重加强实验的应用性。

生物课程标准突出特点是强调知识的获取过程。但多数教师在实验教学中虽能按“提出问题→观察、实验→分析、归纳、概括→得出结论”的模式进行教学，重视了结论的获取，但忽视了在上述模式的各环节中教给学生观察、实验方法，分析、归纳和概括的方法，应用生物学知识解决实际问题的思路和方法；忽视了应向学生说明上述模式正是揭示生物学知识的发现过程，这也不利于培养学生能力。因此，在实验教学中应重视对学生进行科学方法的教育和训练，这将有利于培养学生能力，提高学生素质。

现代教育媒体可大大提高生物学实验的教学效果，如多媒体教学视频网络生物实验室的建设。这种视频网络系统包括教师控制系统和学生操作系统，这两个系统利用双向网络技术相连接，改变了单向传输的局面，可以实现师生互动，变成教师与学生、学生与学生间的多向交流，实现学生小组合作型的学习，利于学生自主学习过程展示，交流与研讨。在实验教学中要根据多媒体的特点，积极进行多媒体实验教学的研究。

1.3.3 生物学实验教学过程

优化生物学实验教学过程，提高实验教学的效率，是当前实验教学改革的一个重点。生物学实验教学过程是生物学教学过程中一种重要的、具体的教学实践形式。对实验教学过程诸因素优化标准的研究和实验教学模式建构的研究是优化实验教学的突破口。

实验教学层次模式研究也是对生物学实验教学过程研究的一个重要方面。运用层次教学模式就是要实现实验教学的高效、优化，即教师教的最优化，学生学的最优化，实验资源配置的最优化，以及实验教学环境的最优化相统一的有机过程。

1.3.4 生物学实验教师的实验素质

随着教学改革的深入发展，加强实验教学成为生物学教学改革的主要课题之一。实验教学改革对实验教师提出高标准和严要求，实验教师不仅要精通实验室的科学化管理，而且要熟悉学科教学大纲，能够熟练地做好各项实验准备工作，协助任课教师开展实验教学活动。新课程改革以来，中学新编教材体系更新，由分科体系变为以生命基本特征为主线的小综合体系；实验内容、类型、数量都有所增加，由原来的验证性实验为主变为实验类型多样化；实验课时数由原来占总课时的20%变为40%，学科教学目标的提高，要求必须对学生进行科学方法及创造能力培养，从而对教师的实验素质也提出了更高要求，即未来的教师不但要有从事学科教学的知识和进行实验的能力，更应具备引导学生开展各种实验，培养学生获得科学方法，引导学生发现问题、解决问题，发挥学生创造力的实验教学素质。实验教学素质是生物学教师应具备的素质之一。

另外，实验教师是实验教学的组织者、领导者和具体实施者，特别是推行素质教育的今天，掌握实验操作技能尤显重要。实验教师对实验准备的细致程度会直接影响实验教学的效果，要实现实验教学的最优化，首先要使实验教师教达到最优化。要求实验教师做到对实验的正确角色定位，要熟悉教学理论与实验理论，制定符合学生实际的指导（教学）方案。并能运用一定的策略调整教学、修正指导方案，缩小偏差，实现指导的优化还必须具有合理有效的教学评价体系，既要客观评价自己的教学，又要正确地评价学生的实验学习。

实验人员既是教师又有别于教师。他们既要懂得学科专业知识，又要掌握实验技能。只有充分发掘实验人员的创造潜能，才能真正发挥实验的效能，提高学生实验素质。实验室工作是教辅工作，是配合教师搞好教学的工作，以“一切为教学，为教学一切”为宗旨，为素质教学服务的。

1.3.5 生物学实验教学评价

在实验教学中，不仅要评价学生对有关实验问题的掌握情况，更应注重对学生的操作技能和各种能力进行评价，从而提高实验教学的质量。

在实验教学中主要评价如下几种能力：①自学能力，检查布置学生预习实验的自学情况；②观察能力，检查学生能否采用正确方法观察到各种现象；③实验能力，检查学生在实验中的独立操作情况，检查学生能否对实验进行改进，能否自行设计实验；④思维能力，检查学生能否用科学观点和方法对实验中出现的各种现象和结果进行分析，能否利用所学知识解决新问题；⑤表达能力，检查学生能否用语言口头表达有关实验问题，检查学生能否用书面表达和操作表达形式来表达自行设计的实验或对实验的改进；⑥绘图能力，检查学生能否正确绘制在显微镜下观察到的物像。

1.3.6 生物学实验教学资源配置与管理

实验教学资源是相当丰富的，教师、学生、实验仪器、设备、实验环境、学校环境、社区环境等都是重要的实验教学资源。实现实验教学的优化，必须使这些教学资源合理配置与优化。生物实验室、生物培养室、生物实验园地是放置生物学实验设备和开展实验教学的主要场所，设计好、建设好、管理好这些场所，是搞好生物学教学的保证。这部分内容也是开展教学研究的重要领域。

系统科学认为系统的总体功能大于各个部分的功能之和，只有教学资源合理配置，相互协调，处于最佳组合时，才能真正实现实验教学的高效、优化。

1.4　生物学实验教学研究方法与步骤

1.4.1　研究方法

生物学实验教学研究是对有关中学生物学实验教学（教育）方面宏观和微观问题进行的科学研究。研究的方法因研究问题的不同而异，通常采用的有观察法、调查法、实验法、追因法、经验总结法、比较法、文献法等，在此仅介绍教学研究中常用的实验法、调查法和文献法。

1. 实验法

这是一种向研究对象发问的方法。当然，这是一种特殊形式的发问。为了解决生物教学中某一问题，根据一定的教育理论或设想，组织计划教学实践活动，到一定时间后，就实践效果进行比较分析，从而得出有关的科学结论。这种方法即称为实验法。实验法的主要特点在于能对事物的情况加以控制，排除一些无关的干扰，定出事物间的因果关系。

实验法有 3 种基本方法：单组实验法、等组实验法、轮组实验法。

（1）单组实验法　也就是说，向一组研究对象施加一个或数个实验因子，测量各实验因子所产生的结果。例如，北京 22 中学在初一（2）班植物学教学中，对学生学法进行指导，一学期后了解情况如表 1-1 所示。

表 1-1　学生经过学习指导后学习方法改进情况统计表

	采用背书学习方法的学生/人	百分比/%	学习方法有改进的人数/人	百分比/%
入学时	30	65.2	16	34.8
一学期后	13	28.3	33	71.7

这种形式的优点是简便易行，但学生在不断地学习和发展，根据干扰说的有关理论，先前实验因素会影响后续的实验因素，以致实验后或后期实验成绩可能偏高，学习最初阶级的进步速度较后期快，可能产生实验前期实验效果较好的假象。这些均会影响实验结果的精确性和可靠性。

（2）等组实验法　即在其他实验条件相同的条件下，向不同组施加不同的实验因子，然后将各组实验因素所产生的效果加以测量和比较。例如，北京 54 中学在初一（1）班植物学教学中进行了学法指导，与其基本条件一致的初一（2）班则未进行，经测试学生的学习成绩，初一（1）班（实验班）学生的优秀人数（85

分以上者）12 人，优秀率为 25%，初一（2）班（对照班）优秀人数 3 人，优秀率为 6.3%。等组实验克服了单组实验的缺点，但要选择条件相等的不同组，并保持各组实验因子以外的一切条件完全相同，实际上是不可能的。为此，在使用这种方法时，要严格注意等组条件和其他相同条件，另外还可多选一些组为实验对象，以彼此对应，并应认真查核有无其他因子在起作用。

（3）轮组实验法　即向各组（条件不一定完全相等）分别轮换施行不同的实验因子，然后测验实验因子产生的效果，最后以各因素产生的效果综合进行比较，从而确定实验因素的效果。这种方式效果复杂，但可以消除许多异质性干扰，保持更好的同质控制。例如，实验有 A、B 两种教材呈现方法，在甲班先用 A 法，后用 B 法，在乙班先用 B 法，后用 A 法。这时可得 4 组效应指标，用来比较说明哪种教材呈现方法较为优越。这种方法也就是所说的循环形式。如果增加循环实验的次数，或增加实验对象的组数，都可使结果更为正确和可靠。在较大规模的实验中，还可同时在不同学校，采用不同形式的实验，以便比较效果。

2. 调查法

调查法是指为了深入了解生物学实验教学（教育）的实际情况，弄清事实，借以发现存在的问题，探索教学（教育）规律而采取的系统的步骤和方法，它是一种间接地研究当前教育（教学）现实的方法，不像观察方法那样用感官感知现实，它可以在自然的过程中收集材料，而不必像实验法那样控制实验对象；它一般是以教学（教育）现状为研究对象，而不是以研究教学（教育）事实为对象。例如，对中学生生物学学习方法的调查，对中学生物学实验教学条件的调查，对中学生物课外活动情况的调查，等等。

教育调查有各种类型，依据调查目的可分为：常规调查，即了解教育的一般情况，或寻找一般数据；比较调查，即要求调查对象提供现成的事实或数据，征询调查，即要求调查对象提出自己对某个问题的看法和意见。依据调查范围的大小和事项可分为：综合调查和专题调查。

依据调查对象可分为：全面调查和非全面调查。全面调查亦称为普遍调查，即对调查对象全部加以调查。其优点在于可以全面了解情况，缺点则是要花很大的人力和财力。从调查对象的全部总体中抽选出一部分有代表性的对象作为样本进行调查，即非全面调查。分为随机抽样调查、重点抽样调查和典型调查 3 种。运用调查法进行研究时应注意：要甘当小学生，虚心求教，要忠于事实，不带框框，要深入调查，不要浮在表面；要有数量观念，抽样小了误差就会增大。

3. 文献法

文献法又称文献资料研究法，是指对于文献资料进行查阅、分析、整理从而找出事物本质属性的一种研究方法，文献资料是人类宝贵的精神财富，在生物教育文献资料中，积累着无数有关的生物教育事实、数据、理论方法以及科学构想的假设。通过研究可以揭示生物教育的发展规律，发展我国的生物教育事业，可以正确评价前人在生物教育事业发展中的历史地位。生物教学工作者要想有所创新，就必须先从已有的有关文献资料中吸取营养，批判地继承他人已有的研究成果，从而开阔眼界，扩展思路，受到启发。

文献是指具有一定价值的图书文物资料。生物教育文献由三部分构成。①图书：教科书、百科全书、词典、手册、论文集、丛书、年鉴、古代典籍、史书、生物教育专著、生物教育家传记等。②文物：古迹、图画、照片、碑刻等。③资料：文书档案、书报、期刊、小册子、简讯、汇编、统计图表、文件等。

1.4.2 研究步骤

1. 选题

（1）选题的基本原则　①需要性原则。生物学教学的根本目的，是顺应和推动生物教育事业的发展，因此，选题时要注意课题的理论价值和社会价值。②创造性原则。也就是说选题要新，要解决前人没有解决过的问题，创造前人没有创造过的经验和原则。③科学性原则。该原则要求，所选课题，一定要有事实根据而不是凭空想出的。④可能性原则。该原则要求充分考虑完成选题的主客观条件，也就是说课题的选择要考虑到研究者的能力、兴趣、专长、知识结构、精力等。同时还要考虑到资料、设备、经费等条件。

（2）选题的程序　选题的程序一般包括提出问题、分析问题、筛选问题和陈述问题 4 步。

第一，提出问题。一般来说，教育工作者都有一定的理论素养和实际经验，有敏锐的观察力，时常能提出一些具有新价值的问题。这些问题往往会成为确定选题的线索。问题提得越多，找到合适选题的可能性就越大。

第二，分析问题。作为初始意念的问题往往还不能成为选题，要经过分析才行；分析问题也就是明确问题；它能使范围较广、界限模糊不清的问题变得明确具体。

第三，筛选问题。研究课题不等于选题，只有符合需要性原则、科学性原则、可行性原则的问题，提出的问题才能上升为选题。因此，有了研究主题，还要通过查阅文献和实地调查，经过评价和筛选才能成为选题。

第四，陈述选题。就是对选题进行详细说明；写成课题报告，说明选题名称、来源、选题依据、意义、选题与当前国内外研究水平的比较、研究方法和预期结果等研究的可行性分析，以及完成研究的时间所需的经费等，以提供给领导部门审核批准。

2. 查阅文献

查阅文献的目的，是要了解自己所研究的领域有哪些专著和前人已做的工作有哪些？已取得的经验及教训是什么？哪些方面尚需继续探讨等？这样，充分利用前人的研究成果，就可使生物实验教学研究在先前科学成就的基础上进一步创新，以免重蹈覆辙，事倍功半。

首先，对有关书刊目录及论文索引进行系统普查，并翻阅有关文献综述、文摘、书评研究动态之类的资料，按照研究题目的需要，做出看书的资料索引。其次，了解和研究课题相同或相关的问题研究的情况。最后，选择确有价值的文献资料，有计划地阅读并做必要的记录。

3. 制订计划

在选定了课题，确定了对象，明确了方法以后，应制定一个课题研究计划，以保证生物教学研究任务的顺利完成。生物实验教学研究计划可制成表格，以下内容可供参考：题目、研究人员、合作人员、所属单位、合作单位，研究对象、研究范围、研究目的意义、研究方法、资料来源、研究步骤和时间、完成成果形式、初稿完成日期，计划制定日期、课题论证形式、成果鉴定途径、上级部门意见、批准日期、审批人、经费来源及使用等。

4. 实施计划

制订计划以后，便进入收集材料和进行实验（或调查）研究的主体阶段。实施计划就是按照原来规定的时间、地点、调查（或实验）范围、步骤和方法，动员课题组全体人员收集材料的过程。

收集材料主要是在开展调查（或实验研究）的活动过程中进行的。当然并不排除在查阅文献，甚至撰写论文前后对有关素材的收集。

5. 分析资料、讨论结果

收集到资料后，就应对资料加以分类、系统化和必要的加工整理，使同类材料集中，便于查找，并保证材料的准确性、可靠性和典型性。分析研究材料大体可分为逻辑分析和统计分析两种手段。逻辑分析主要是将事实材料进行比较、分析、综合抽象与概括、归纳和演绎，以形成某一特定的结论，这是一种理性认识的过程。统计分析是运用教育统计学原理对所获得材料进行分析处理，得出有关统计值的过程。

不管运用哪种方法进行分析，都应对其结果进行客观的分析研究，用辩证唯物主义科学方法去发掘事物的本质，揭露事物的规律性。

6. 撰写论文

教学研究的结果，就是用论文的形式指出并说明其结果是怎样获得的。条理清楚、论证充分的文章能给读者以强有力的启迪，有利于有关理论和实际工作的发展。

1.5　生物学实验教学研究展望

1.5.1　实验教学观念转变

在传统实验教学观念中，教师在实验教学中是“教”学生，在整个实验过程中处于主动，而学生则处于被动，整个过程都是由教师安排好的，学生只能按步骤按要求学着教师的方法或模式进行操作，思维一直处于定式状态，不利于学生创新思维的开展。因此，在今后的教学改革中，应首先从观念上对教师和学生进行全新的改变。教师在备课的同时一定也要备学生和要求学生“备课”。要求学生备课就是让学生做好实验预习工作，即先梳理好实验理论知识。只有这样，教师才能有的放矢地进行实验教学。

生物学实验教学完成传统教育观念向现代教育观的转变，是促进生物学实验教学由“双基教育”向“三维教育”再到“核心素养”教育转变的首要条件，也只有如此才能更好地促进生物学实验教学的健康发展。

1.5.2　实验内容体现基础—综合—设计的特点

传统的生物实验教学，虽然也有知识、操作及各种能力的要求，但其核心仍停留在基础知识的学习和基本技能的培养上，追求反复记忆和重复训练的次数，其结果只能培养大量模仿型或熟练操作型的“实验操作工”，这显然已经不能完全适应当今以培养学生实验创新能力为核心的素质教育的需要。因此更新实验教学内容势在必行，主要表现在实验的数量和类型的增加。从实验的类型上看，应既有验证性实验，又有探索性实验；既有训练基本技能的实验，又有帮助学生学习科学研究的一般方法、发展科学探索技能的实验；既有定性分析实验，又有定量分析实验。同时还要安排若干研究性课题。

建立基础、综合、设计三结合的实验体系，不但可以使学生加深对理论知识的理解和掌握，而且可以从多方面对学生的能力进行培养。所谓基础性实验是指每门课程最基本、最能代表学科特点的实验方法和技术；综合性实验由多种技术、多种实验手段、多层次实验内容组成；设计性实验在完成基础性、综合性实验的基础上，以不同的实验材料、不同的实验条件，由学生独立完成预习报告、实验设计、试剂配制、仪器安装调试、实验过程操作、实验记录、数据处理，总结报告。这种三结合的实验体系有利于培养学生的动手能力和创新意识。

1.5.3 实验教学方法突出开放—灵活—发展的特点

在今后的实验教学方法和模式的研究上，将进一步体现开放性和灵活性相结合的特点。实验活动的形式仍然突出以学生为主体，教师在实验中只起到“抛砖引玉”的作用。实验教学方法的研究应突出教师在教学中从“教实验”改为“指导实验”：在实验教学中应启发学生自己去设计、操作实验，并尝试自己去解决问题，教师只是在学生不能处理问题的情况下给予指导；应鼓励每个学生都参与实验，建立开放型实验室，鼓励学生根据自己的兴趣和特点申请自己的“实验课题”，让学生从实验设计到实验准备再到实验操作全由自己动手完成；特别应重视实验开始的指导语和结束时的总结语，以帮助学生将在实验课学到的知识与理论课知识更进一步系统化、条理化。

1.5.4 教学评价体系逐步完善

变终结性评价为过程性评价，采用试卷与操作结合的实验考核方式，对每个实验都制定出相应的实验细则，对学生的实验态度、实验设计、实验操作、实验结果等进行综合评价。使学生实验的积极性获得提高，使每节实验课都能获得良好的效果。

实验教学的考核上应进一步实现笔试和实际操作相结合等多形式的考核方法。改革考试内容和方法，加强对学生综合运用所学知识解决问题能力的考核，是实验教学改革的一个重要课题。传统的考试方法基本上是采用书面闭卷的单一形式进行，更有大多数生物学实验只是交上实验报告而已。这种考核方法无法真实地反映学生的知识水平和实验能力，还会导致学生忽视实验课的学习，妨碍学生各种能力的发展。

在以后的实验考核改革中，教师有必要在实验伊始，就向学生明确提出实验考核的要求，并制定考核内容和成绩评定标准，促使学生以严肃认真的态度对待实验课。而考核形式可以采用笔试（原理的分析）、辨认（植物的鉴别）、实验操作等多种形式。这种多形式的考核方式也必将随着核心素养教育的要求而被广泛采用。

1.5.5　信息技术在实验教学中应用广泛

随着信息时代的到来，包括计算机技术、多媒体技术、网络技术、信息技术在内的现代教育技术在生物学科教育领域已开始应用。例如，电脑模拟实验，摆脱实验教学时间、场地和人数等方面的限制。多媒体网络技术为教师及学生提供了多种信息的获得渠道，互联网上丰富的生物学教育资源更是让学生有机会身临其境地观察到各种自然现象，并通过互联网向专家请教问题。因此信息技术正在并将继续深刻影响生物学实验教学。

随着教育信息技术的发展，现在微视频技术已成为教师需掌握的教育技术之一。微视频是以视频为主要载体，记录教师在课堂内外教育教学过程中，围绕某个知识点（重点、难点、疑点）或教学环节而开展的精彩的教与学活动全过程。

微视频有重点突出、资源整合度高以及可操控等特点，在很大程度上可以突破生物实验教学条件的限制，弥补生物实验资源不足、过程复杂、不易操作等不足，促进生物实验教学效率的提高和学生思维能力的发展。同时，微视频还解决了教师课堂上展示一遍，学生只能凭借记忆进行操作的难题。教师可以把难度较大的科学实验做成微视频，让学生能够反复观看，针对其中的难点进行规范的操作，同时有利于接受能力慢和需要及时复习的学生学习。生物教师应努力提高自己制作微视频的技能，并将其应用于课堂中，让微视频成为信息技术课程改革的有效工具。

作为当代新型教师，应时刻关注教育技术的发展，要充分认识和跟随发展，把握良好时机，提升自己，将新的教育技术手段引入生物学实验教学中，让它更好地为课堂服务。

思　考　题

1. 什么是生物学实验？什么是生物学教学实验？二者有何区别？
2. 生物学实验教学研究的步骤是什么？
3. 简述生物学实验教学今后的发展趋势。
4. 生物学实验教学研究的任务是什么？

第2章 生物学实验教学目标

内容提要：①生物学实验教学目标确立的依据；②生物学实验教学的认知目标；③生物学实验教学中的操作目标；④生物学实验教学中的情感目标。学习和掌握实验教学目标的类型及具体内容。

制订科学合理的生物学实验教学目标具有重要的意义。目的性是人类实践活动的本质特征，人的实践活动之所以不同于动物的本能活动就在于人的一切实践活动都具有自觉的意图，具有预期的目的。教学目标是指教学活动中学生预期达到的学习结果和标准，是教师选择教学材料、教学方法和实施教学过程以及进行教学评价的依据。在生物学实验教学过程中具有科学的、明确的教学目标，是保证教学质量的前提。

中学生物学实验教学是教育实践活动的一个分支领域，具有自己的教学目标。这一目标是指导、支配、控制生物学实验教学过程的核心因素，是选择实验教学内容、教学方法和手段，进行课程、教材的建设，组织教学过程的基础。所以在实验教学中首先应制定实验教学目标。

2.1 生物学实验教学目标确立的依据

在生物学实验教学活动中具有具体、明确、清晰的教学目标，是完成教学任务、保证教学质量的前提。生物学实验教学目标的制订必须有其恰当合理的依据。

2.1.1 当前教育改革的总目标

教育改革大潮汹涌澎湃的当今，推行核心素养教育，谋求学生的“一般发展”，倡导创新、创造是教育回应时代呼唤做出的必然选择。因此，核心素养教育宗旨应是制订生物学实验教学目标的根本依据。

1. 核心素养概述

近十几年来，核心素养的教育与测评日益引起全球的关注，甚至成为许多国家或地区制定教育政策、开展教育改革的基础。面对日新月异的社会与经济变革，全球许多国际组织、国家和地区都在思考如何培养未来的公民，以使其能够更好地适应未来的工作与生活。因此，研究学生发展核心素养是落实立德树人根本任务的一项重要举措，也是适应世界教育改革发展趋势、提升我国教育国际竞争力的迫切需要。

所谓“学生发展核心素养”，是指学生应具备的，能够适应终身发展和社会发展需要的必备品格和关键能力，是关于学生知识、技能、情感、态度、价值观等多方面要求的综合表现，是每一名学生获得成功生活、适应个人终身发展和社会发展都需要的，不可或缺的共同素养，其发展是一个持续终身的过程，可教可学，最初在家庭和学校中培养，随后在一生中不断完善。

2. 生物学核心素养

1）生命观念

生命是源于自然随机事件且能在与环境互作中保留下来的具有新陈代谢和自我复制特征的物质形态，生命是结构与功能的统一体，无贵贱之分。生命观念是指对观察到的生命现象及相互关系或特性进行解释后的抽象，是经过实证后的想法或观点，有助于理解或解释较大范围的相关事件和现象。学生应该在较好地理解了生物学概念性知识的基础上形成生命观念，如结构与功能观、进化与适应观、稳态与平衡观、物质与能量观等，并能够用生命观念认识生命世界、解释生命现象。

2）理性思维

崇尚并形成科学思维的习惯；能够运用归纳与概括、演绎与推理、模型与建模、批判性思维等方法探讨生命现象及规律，审视或论证生物学社会议题。

3）科学探究

能够发现现实世界中的生物学问题，针对特定的生物学现象，进行观察、提问、实验设计、方案实施以及结果的交流与讨论。在开展不同的工作时，都乐于并善于团队合作。

4）社会责任

生物学科的社会责任是指基于生物学的认识，参与个人与社会事务的讨论，做出理性解释和判断，尝试解决生产生活中的生物学问题的担当和能力。学生应能够关注涉及生物学的社会议题，参与讨论并做出理性解释，辨别迷信和伪科学；主动向他人宣传健康生活、关爱生命和保护环境等相关知识；结合本地资源开展科学实践，尝试解决现实生活中与生物学相关的问题。

2.1.2 生物学课程标准

生物课程标准对高中生物学的教学目标做了全面、科学的规定，成为制定实验教学目标的直接依据。课程标准非常明确地规定了课程的具体目标，即“知识”“能力”和“情感态度与价值”三维目标。教师只有吃透课程标准的理念和实质，才能对实验教学内容进行科学正确的分析并制定出正确、具体的实验教学目标。

2.1.3　生物学科的性质

生物科学是实验性科学。生物学实验教学是生物学教学整体中不可分割的有机组成部分。生物学实验教学在促进生命科学的发展和学生生物科学素养的培养中，处于关键地位，发挥着重要的作用。目前，我国正在推行以课程改革为中心的新一轮基础教育改革，生物学实验教学越来越受到关注和重视，教学时数大大增加，占整个生物学教学中的比重加大。并且倡导学习方式由接受式向探究式的根本转变，生物学实验教学因其内在的“探究性”已成为学生进行探究式学习的主要形式，成为实现生物学整体教学目标的重要途径。当今教育要求不能仅仅为做实验而进行实验教学，而是应该把实验教学作为搞好生物学教学、提高学生素质、培养学生的核心素养的一种方法、一个过程。

2.1.4　学校、学生的具体情况

在实际的生物学教学实践中，每个地区、学校的具体情况都不相同，在制定教学目标时应当考虑到这一点，适当地根据社会需要，充实必要的内容。因此具体目标的确立还必须依据当地的具体教学情况。

学生是学习的主体，脱离学生实际的教学目标没有任何实用价值。对学生年龄特点和实际学习能力必须予以充分考虑，因此，拟订实验教学目标还应根据自己所教学生的原有知识基础和智力水平，考虑目标的可行性。

2.1.5　当前实验教学存在的问题

当前实验教学中存在的问题也是生物学实验教学目标制订的依据。目前，普遍存在着搁置生物学实验教学，让其“坐冷板凳”“充当替补”的现象，造成实验教学十分滞后，在某些地区甚至完全缺失，导致中学生物学教学目标中有关技能及高层次认知等诸多目标的要求只能流于形式，止步于大纲或标准之中，不能真正进入课堂。有些虽然开设实验课，但其目标要求只涉及知识的验证、具体技能的掌握，缺少情感、综合能力的培养要求，实验教学目标不够全面。生物学教学目标得不到全面地贯彻落实，严重影响了中学生生物科学素养的养成和发展。对造成这种情况的原因进行分析，可以得知，除了受客观物质基础、经济条件的限制外，与生物学实验教学的目标模糊不清等密切相关。因此，生物学实验教学实践中存在的问题也应是教师制订生物学实验教学目标时应特别关注的一个方面。

2.2　生物学实验教学的总目标

2.2.1　义务教育阶段生物实验教学目标

《全日制义务教育生物课程标准》关于能力培养的解释是："通过义务教育阶段生物课程的学习，学生将在以下几方面得到发展：具有生物学实验操作的基本技能、一定的科学探究和实践能力，养成科学思维的习惯"。

具体实验目标如下：①正确使用解剖器、显微镜等常用工具和仪器，掌握采集和处理实验材料等操作技能；②具有利用课本以外的图文资料和其他信息资源进一步收集和处理生物科学信息的能力；③学会科学观察的方法，能够记录、整理观察结果，得出结论；④初步学会生物学实验方法，能够提出问题，做出假设，设计实验，分析和解释实验中产生的现象或数据，得出合理的结论；⑤进一步形成比较、判断、推理、分析、综合等思维能力，初步形成思维的独特性、新颖性等创造性思维品质和创新思维习惯，能运用学到的生物学知识评价和解决某些实际问题；⑥养成实事求是的科学态度，初步具有勇于探索、不断创新的精神和合作精神。

2.2.2　普通高中阶段生物实验教学目标

普通高中生物的课程总目标中明确指出，高中生物主要培养学生以下能力：正确使用显微镜等生物学实验中常用的工具和仪器，具备一定的实验操作能力；初步具有收集和利用课内外的图文资料及其他信息的能力；初步学会生物科学探究的一般方法，发展学生提出问题、做出假设、制定计划、实施计划、得出结论、表达和交流的科学探究能力；在科学探究中发展合作能力、实践能力和创新能力；初步学会运用所学的生物学知识分析和解决某些生活、生产或社会实际问题。

与以前制订的实验课程目标相比较，其最大区别就是提出了"以培养学生的创新精神和实践能力为重点"，突出了实验的探索性以及分析、解决实际问题的能力。因此，这应该成为中学生物教师设计和实施实验教学的出发点和归宿。教师只有准确定位基本技能、科学探究能力和培养科学思维习惯三大目标，才能不走弯路、少走弯路，实施有效教学。

2.3　生物学实验教学的认知目标

生物学实验教学的认知目标可以从横、纵两个维度上去认识。

2.3.1 生物学实验教学认知目标横向组成

在横向上有不同的区块，表示目标所涉及的范围。它包含生物学理论基础知识、生物学实验基础知识和其他学科相关知识目标几个方面。

1. 生物学理论基础知识

（1）内容　概括讲包括下面几个方面：①获得关于生物学基本事实、基本原理和规律等方面的基础知识，主要包括生命的物质基础和结构基础，生物的新陈代谢，生命活动的调节，生物的生殖和发育、遗传和变异，生物的进化及生物与环境等方面的内容；②了解关注生物学知识在生活、生产、科学技术发展和环境保护等方面的应用；③获得有关人体结构、功能以及适应现实生活所需要的自我保健知识，促进生理和心理健康；④了解现代生物科学技术的主要成就及对社会发展的影响。

（2）实现途径　生物学实验教学实现基础理论目标的途径多种多样，在研究性、探究式学习中通过实验教学直接获得知识、事实、感性资料，还可以通过实验教学帮助学生建构知识，加深理解、巩固记忆知识，验证及活化知识。

通过生物学实验可以得到大量的丰富的感性材料，为理论课概念系统的建构提供事实基础。例如，通过实验观察细胞分裂过程，获得关于染色体形态、行为变化及相关细胞结构等变化的信息，利用这些资料，理论课教师就可以引导学生形象理解“同源染色体”“非同源染色体”“姐妹染色单体”“非姐妹染色单体”等重要概念和细胞分裂过程中染色体形态、行为的变化规律。再如，在学习了DNA的二级双螺旋结构以后，学生虽然可以通过机械记忆也暂时记住有关的结论，但对于 DNA 的实际结构特点和碱基之间配对规律，却因为太抽象、不直观，常常似是而非、模棱两可，很难真正理解、掌握，记忆不牢固、记忆质量也不高，学习效果总是不理想。在新教材中安排了组装DNA双螺旋结构模型这样一个实验，大大增加了直观性，增强了抽象思维能力，在实验中学生既动手又动脑地反复操作尝试，加深了理解，巩固了记忆。

学生还可以通过实验应用活化知识。例如，在做完“细胞壁的分离和复原”实验后，学生对渗透吸水的原理有了深刻的认识理解，在此基础上，让学生自己设计实验测定细胞液的浓度。通过这一实验学生对所学的知识加以利用，实现了知识的迁移，活化了知识。

2. 生物学实验基础知识

生物科学是实验的科学，实验研究是推动生物科学发展的重要力量，因此，培养学生的实验基本技能和能力是培养学生生物科学素养的要求，也是生物学教学的重要任务。实验技能的培养需要反复的操作实践，而要使这一操作更有效，借助于实验有关知识和理论的指导是十分必要的。生物学实验基础知识包括下面几个方面。

1）生物学实验方法的知识

学生对关于实验方法知识的学习有助于学生提高实验兴趣和积极性。内容包括：①科学实验方法的概念；②科学实验方法的意义；③科学实验方法的类型；④实验设计的原则；⑤科学实验方法的操作程序；⑥生物科学发展过程中实验和理论互动的逻辑模式等。

2）生物学实验教学的实践性知识

（1）生物实验室常用器具、药剂的知识　应包括：①显微镜的结构、原理、使用和维修保养等方面的知识；②解剖器材的使用方法；③灭菌设备（如高压灭菌锅）的使用方法；④培养设备（如恒温箱）的使用方法；⑤玻璃器皿（如试管、滴管等）的使用方法；⑥各种试剂的配制、保存的知识等。

（2）具体实验操作技术的知识　应包括：①选材、取材的知识；②获得、培养实验材料的知识；③材料的固定、染色等的知识；④动物标本剥制、浸泡的知识；⑤植物标本的采集、压制、保存的知识；⑥制作切片、装片的知识等。

（3）实验过程知识　应包括：①实验准备：选择实验题目、确定实验目的、设计实验方案、选择实验材料、准备实验器材等的知识；②实验操作的知识；③分析处理实验结果的知识。

（4）实验评价知识　实验评价具有重要的意义，实验评价通过书写实验报告来完成，应该认真、准确地书写实验报告，实现对实验的科学评价。实验报告的主要内容一般包括：①目的要求；②材料用具；③实验原理；④方法步骤；⑤注意事项；⑥结果及其分析；⑦结论；⑧时间；⑨实验人等。

3. 物理、化学等其他学科的相关知识目标

科学正在朝着综合化方向发展，不同学科之间的联系越来越明显，体现在教学中，应该注重教学的综合化。在很多生物学实验中，需要运用物理学、化学、地理等相关学科的知识或原理，在生物学实验中实现这些原理的迁移应用，从而巩固、深化对相关知识的理解和掌握。更重要的是在此过程中培养学生综合能力。

1）物理学相关知识目标

例如，“叶绿素吸收光谱”的实验，就是根据物理学中光谱分析原理设计的。

物理学中的光谱分析原理知识包括：①白光可以被棱镜分解为按波长顺序排列的各单色光，即红、橙、黄、绿、青、蓝、紫等连续的光谱；②每种元素的原子只能发出某种具有特定波长的光谱线，即该元素的特征谱线。因此，每种元素只能从白光中吸收与它的特征谱线波长相同的光，使白光的连续光谱中的某些波长的光被物质吸收后产生的光谱叫吸收光谱。

根据光谱分析原理，可以对叶绿素吸收光谱进行分析，以认识叶绿素吸收光能进行光合作用的原理。其方法是，将提取出来的叶绿素溶液，放于可见光束和三棱镜之间，可以看到连续光谱中出现两个强吸收区，即两条暗带，一条在波长为 640～660nm 的红光区，另一条在波长为 430～450nm 的蓝紫光区，说明叶绿素分子可以吸收自然光中红光和蓝紫光。此外，在光谱的橙光、黄光和绿光区还有不明显的吸收带，这是类胡萝卜素和叶黄素的吸收光谱。

通过这一实验教学便可以帮助学生学习物理学中的光学原理，活化了相关知识，实现了对这一知识目标的评价。其他应用到的物理学知识还有如显微镜成像原理、渗透作用等。

2）化学相关知识目标

在“可溶性糖的鉴定”实验中，还原性糖和斐林试剂的颜色反应是经历了一系列的化学过程而产生的。菲林试剂是由硫酸铜（$CuSO_4$）溶液和氢氧化钠（NaOH）和酒石酸钾钠（柠檬酸钠）溶液配制而成。酒石酸钾钠或柠檬酸钠的作用是防止反应生成的氢氧化铜或碳酸铜沉淀，使之变成可溶的而又略能分解的化合物，从而保证继续供给二价铜离子（Cu^{2+}）用以氧化糖。实验所用的斐林试剂中的 A 液是 0.1g/ml 氢氧化钠溶液，B 液是 0.05g/ml 硫酸铜溶液，两者混合后生成淡蓝色的氢氧化铜沉淀。其反应式如下：

$$2NaOH + CuSO_4 = Na_2SO_4 + Cu(OH)_2\downarrow$$

葡萄糖与氢氧化铜反应可以生成砖红色的氧化亚铜沉淀。其反应如下：

$$CH_2OH—(CHOH)_4—CHO + 2Cu(OH)_2 \longrightarrow$$
$$CH_2OH—(CHOH)_4—COOH + Cu_2O\downarrow + 2H_2O$$

在这里，葡萄糖被氧化成葡萄糖酸。其反应原理是，具有还原性的有机物（包括葡萄糖、果糖、麦芽糖、醛类等）分子中含有的半缩醛羟基或醛基具有较强的还原性，可以与弱氧化剂（如斐林试剂）反应。使用这一反应原理可以鉴定还原性，当然，也可以通过这一实验教学帮助学生复习巩固有机化学中醛、糖的性质及斐林试剂的有关知识。

生物学中化学知识的应用是最多的，两者关系十分密切，以至于人们常说“生物学与化学不分家”。不论是生物学理论知识教学，还是实验教学都涉及许多化学基础知识。

在生物学实验教学中，还可以通过应用迁移掌握地理、数学等多个学科的知识。

2.3.2 生物学实验教学认知目标的纵向结构

依据目标要求掌握程度不同，在纵向上可以分为了解识记、理解掌握、评价迁移 3 个目标层级。前面的层级依次是后面层级的基础，而后面层级对前面层级又有重要影响。在实际教学过程中，不能只停留在低层级要求上，应该在完成低层级目标的基础上，进一步发展，达到对高层级的认知目标。

1. 了解识记目标

（1）水平要求　能再认或回忆知识，能识别辨认事物，能够举例，能描述对象特征。

（2）水平特征　难度最低、要求最低、最低级的知识目标。

2. 理解掌握目标

（1）水平要求　把握知识体系的内在逻辑，与已有知识构建联系，能进行解释、推断、区分、扩展，提供证据、收集整理相关信息等。

（2）水平特征　中等难度、要求较高、较高级知识目标。

3. 评价迁移目标

（1）水平要求　在新情境中使用抽象的概念、原理，进行总结、评价、推广，建立不同情境下的合理联系。

（2）水平特征　难度最大、要求最高、最高级的知识目标。

2.4　生物学实验教学的操作目标

一般来讲，可以把操作目标分为基本技能目标和综合能力目标两个层次。

2.4.1　技能目标

1. 技能目标的内容

技能是指学习者在特定目标指引下，通过对某一特定的操作程序反复训练，而形成的各种具有专门化、程序化、自动化特征的能力。涉及动作技能和智慧技能两个大领域，包括多个方面的内容。技能目标又可以分为生物学基本实验技能和实验过程中的科学过程技能等。

1）生物学基本实验技能

（1）器具使用技能　生物学实验中经常使用的仪器和器具有光学显微镜、放大镜、解剖刀、解剖针、解剖盘、剪刀、镊子、捕虫网、灭菌锅、恒温箱、天平、烧杯、量筒、容量瓶、酒精灯、试管、试管夹、滴管、培养皿、温度计等各种仪器、器皿和器具。这些仪器、器皿、器具均有严格的操作要求，学生应能按规定正确使用。

（2）实验材料获取技能　包括：①动物的饲养、植物的栽培和微生物的培养技能。条件好的学校可以建立生物园地、饲养房、池塘等，栽培各种花卉、农作物等各种植物，饲养家兔、家禽、鱼类等动物，使其成为提供充足实验材料的基地；②野生动植物、微生物的捕捉、采集技能。自然界是实验材料的重要来源，像蝴蝶、蚯蚓、鼠妇、青蛙等动物及各种植物，都可以从自然界中适量采集。

（3）实验材料的处理技能　包括：①装片、涂片、徒手切片的技能；②固定、染色的技能；③植物标本的压制、浸泡，花、果实、种子的解剖技能；④动物标本的浸泡、剥制技能，蚯蚓、蝗虫、鲫鱼、家兔、青蛙、家鸽等动物的解剖技能。

（4）药品试剂的配制使用技能　包括：酸碱指示剂、75%乙醇、福尔马林、盐酸、龙胆紫等各种试剂和溶液的配制和使用技能。

（5）实验结果记录描绘技能　包括：生物绘图技能、生物照相技能等。

2）实验中的科学过程技能

科学过程技能培养是我国中小学生物学教学中技能培养的重要内容，应该作为中学生物学实验教学的主要目标之一。根据美国科学促进协会（American Association for the Advancement of Science，AAAS）观点，可把探索研究中的科学过程技能分为两大部分共 14 种具体技能。

（1）基本过程技能　包括：①观察；②测量；③应用数值；④分类；⑤应用时空；⑥表达沟通；⑦预测；⑧推论。

（2）统合技能　包括：①适当的定义；②形成假说；③解释资料；④建立模型；⑤控制实验因子；⑥实验。

基本过程技能和统合技能是相辅相成的。基本过程技能是统合技能的基础，而统合技能是基本过程技能的发展。两者共同构成了中学生物学实验教学的过程技能。可见 AAAS 对于实验教学和科学过程技能的关系有充分的认识。

借鉴国外的先进理念，结合我国的实际情况，应该特别重视如下几个方面的技能培养。

（1）观察技能　“观察”从字面上看，“观”是看，“察”是仔细看，故观察就是“仔细察看”，这是对观察最通俗的理解。而科学的认识论认为，观察是指人们直接通过感觉器官或借助于一定的科学仪器，有目的、有计划地在自然条件下或人为条件下对研究对象的一种科学考察。

在科学发展的早期，人们只能在自然的条件下进行观察，当时还没有发展出实验方法。这时，作为一种独立的科学研究的方法，为了和后来的实验法相互区别，叫做观察法。观察法和观察这两个概念不完全相同。

观察法是最基本的科学研究方法，是实验方法的基础，在没有实验方法的科学发展的早期，观察方法的应用促进了众多科学的诞生和发展，如生物分类学、生物进化论等。在实验方法流行的今日，观察法作为其中关键的组分和环节发挥着不可替代的作用。可以说没有观察，就没有实验，也就没有今日的实验科学（如生物学）。

观察技能是指使用观察法获得研究对象信息、资料的能力。在生物学实验教学中观察技能的培养主要包括以下几点。

第一，总体上说，应注意获得有关观察法的初步知识和经验。在学习观察方法、培养观察技能之前，有必要通过自己的阅读或老师的介绍，获得有关观察法的初步知识和间接经验，为进行观察、培养观察技能奠定理论基础。

第二，反复进行观察实践训练。教师应为学生提供大量的时间、创造适当的情境让学生反复地、不断地进行观察训练，使学生在不断的实践中掌握方法，培养技能。

第三，注重激发兴趣培养习惯。为了使观察训练变成学生自觉的行动，教师应在激发学生观察兴趣上下工夫，使学生在兴趣这个“最好的老师”的引导下，自觉尝试，不断实践，反复训练并逐渐形成习惯。养成了观察习惯，技能的提高便水到渠成。

第四，具体来说，应该做到：明确目的，集中注意；讲究观察顺序和层次；巧妙运用对比；定性定量结合；观察不忘思考；细心全面周到；及时准确详细记录。

（2）分类技能　分类方法是根据研究对象的共性和差异性，按一定的统一标准将研究对象区分为若干个不同类型的逻辑方法。通过比较找出事物之间的异同点，将相同的归入一类，不同的划入不同类群，较大类群又可根据同样的原理分为较小的下级类群，较小类群还可再分成更小的类群，这样可以逐级进行，最后就可将一个庞大的研究对象划分为多个等级层次、具有一定从属关系的分类体系。

分类技能是利用观察方法对所收集到的资料信息进行分类整理的技能。

掌握分类方法、培养分类技能具有重要意义。分类方法是从事自然科学、社会科学研究，解决日常工作、生活实际问题过程中经常使用的一种方法，是最基本的科学方法之一，生物分类系统的建立，科学体系的形成等都离不开分类方法。

在生物学实验教学中培养学生的分类技能要注意以下几个方面。

第一，要占有准确、丰富、翔实的资料。在实验过程中要围绕实验进行阅读、调查等工作，要勤于动手，乐于积累，占有大量的关于研究对象的资料，使分类成为必要。

第二，制定适当标准。在占有和分析资料的基础上，可以尝试根据不同的标准进行分类，然后，根据研究、实验目的进行权衡、取舍。

第三，由高到低分级进行。尝试建立分类系统，是培养分类技能的好机会，分类系统的建立应该先粗后细、先高级后低级，但由于分类秩序不同，也可能形成不同的分类体系，然后根据科学性、适用性进行比较分析，做出选择、取舍。

第四，养成用分类方法整理信息的习惯。启发引导学生使用分类方法进行学习。通过多次提供分类情境（如布置作业、交代任务），让学生对大量信息对象反复地进行分类尝试，并体验完成作业、任务后的愉悦感，使学生乐于分类，逐渐形成习惯。

（3）表达交流技能　　表达与交流就是把自己通过观察（测量）实验过程获得、收集或整理过的数据信息资料及自己对这些资料的评价通过某种形式（口头语言、书面语言、体态语言、网络技术等），准确、清晰、简洁地传达给别人或发表于世的过程。表达与交流技能是描述表达与交流过程中表现出的能力的一个术语。

学生掌握良好的表达交流技能有重要意义。表达与交流技能是科学探索中必备的一项基本技能，在我国流传着“好胳膊好腿，不如个好嘴儿”的俗语，而美国人认为，口才与才干、智力一起构成事业成功的三大要素，可见，表达与交流技能的重要性。我国长期应试教育观念统治下的教育领域，培养出来的人才，常常考试能力出众，但是，既“说不好”，也“写不成”，表达与交流技能十分低下。因此，在推行素质教育的过程中，表达与交流技能的培养应受到足够的重视，应该是实验教学聚焦的目标之一。

在生物学实验教学中培养学生的表达交流技能，要注意以下几点。

第一，多种手段并重。表达的手段有多种，常用的有口头表达、书面表达、媒体表达和操作表达等，应在口头表达能力、书面写作能力、应用多媒体能力、动手操作能力等多方面全面要求，统筹安排，协调进行。

第二，准确理解表达的内容。体现内容的形式有文字、图表、公式和实物等，要对表达的文字、图表、公式所代表的含义和实物的特征准确理解掌握。

第三，创造情景、提供机会、指导监督、严格要求。实验可以分组进行，并给各组成员明确分工，为了完成任务，一定会产生表达、交流的实际需要；设立实验论坛，鼓励学生发表自己的看法，提出问题，展开讨论，培养主动参与的意识；在交流的过程中，教师要及时地、恰如其分地给予鼓励性评价，满足学生的表现感、自尊感，增加学生的勇气和信心；教师在表达技能方面，如如何写实验报告、科技论文给以指导；布置适量的练习作业，要求高质量完成。

第四，培养敏捷、流畅、灵活的思维能力。“言为心声，操作是在大脑的指挥下完成的”，思维能力是表达的内在基础。在实验过程中，把思维和操作有机结合起来，培养学生的思维能力。

（4）提出假说技能　　所谓假说是在拥有通过观察和阅读等过程收集到的大量材料的基础上，依据原有的科学原理、经验事实，经过理性思维加工后，做出假设和预期，对研究中所发生的自然现象或过程提出的一种过渡性、假定性的解释、说明。提出能合理、圆满解释实验现象或过程假说的能力，称为提出假说技能。假说实际上是一种理论思维形式，但假说是在实验资料的基础上提出的，又是设计新的实验的起点。

培养提出假说技能对培养学生的探究能力和创新意识有重要意义。科学假说，常常在科学研究中起纲领性的作用，使人们明确研究方向，是科学发展的重要形式。革命导师恩格斯对此有很高的评价，他说："只要自然科学在思维着，他的发展形式就是假说。一个新的事实被观察到了，它使得直到现在对和它同类事实的说明方式成为不可能的了。从这一瞬间起，就需要新的说明方式——它最初仅仅以有限数量的事实和观察为基础。进一步的观察会使这些假说纯化，取消一个，修正另一个，直到最后纯粹地建立起定律。如果人们要等待建立起定律的材料纯粹化起来，那么，就是在此以前要把运用思维的研究停顿下来，而定律也就因此永远不会出现。"科学理论发展的历史就是假说形成、发展和假说之间竞争、更迭的历史。

在生物学实验教学中提出假说技能的培养有以下几条途径。

第一，广博的知识素养和丰富的生活阅历是提出假说的基础。被誉为遗传学奠基人的孟德尔之所以能超前性地提出遗传因子的分离和自由组合假说，数学方法的应用是其成功的一个重要因素，也是其假说不被同时代人理解的重要原因，若他没有数学方面知识修养，恐怕这一切便是不可能的了。

第二，注意培养学生的想象能力，提高其思维的广阔性和创造性。伟大的物理学家牛顿，能从苹果落地的现象，想到世界万物之间存在有引力，进而提出万有引力定律。这是与他思维的广阔性和创造性分不开的。

第三，创造适宜情景，鼓励学生大胆预测、推论和假设，并引导学生用实验去验证，反复实践是学生获得这一技能的根本保证。

（5）定义技能　　定义技能就是下定义的技能。所谓下定义就是形成概念，并确定概念的语言表述形式的过程。概念是人脑反映客观事物本质特性的思维形式。每一个概念都有其内涵和外延，内涵是概念所包括的事物及其关系、过程的本质特征。外延是属于这一概念的一切事物及其关系、过程。

下定义是形成科学概念，构成概念系统，推动科学发展的基本途径，下定义是科学工作者必备的基本技能。实验教学中定义技能的培养策略有以下几个方面。

第一，实验教学能提供丰富的感性材料，产生下定义的情境和需要。

第二，要分清本质和非本质的属性。要通过分析、综合、抽象、概括，舍弃事物的次要的、非本质的特性，把握事物的本质特性，并因此把同类事物联合起来，形成该类事物的概念。例如，在实验中发现、收集到有关细胞的大量资料以后，认识到了细胞的很多特征：构成生物体的基本单位；有细胞壁、细胞膜、细胞核及多种细胞器等。下定义时，要认识到构成生物体结构和功能的基本单位是它的本质特征，而其他的特征便是非本质特征。

第三，用明晰确切的语言表达概念。概念总是和词联系着，但两者不是完全重叠的，词是概念的标志，是语言表述形式，是其物质外壳。语言要明晰、准确、科学、简练和逻辑性强。例如，同源染色体这一概念，在观察减数分裂中染色体的行为时，会发现同源染色体的联会，也能看到同源染色体的大小基本相同的特点，一个来自父本，一个来自母本，但这些不是其本质特征，其本质特征是同源染色体的同源性，它们在生物进化中具有共同起源，因此，“同源”二字明晰确切地表达了同源染色体的内涵，与其他染色体之间划清了界限。

第四，要在一定的概念系统中去定义。概念总是在一定的概念系统中的概念，概念之间有着严密的逻辑关系，概念不仅要表示其本身的本质特征，也应该表示概念之间的逻辑关联性。例如，同源染色体和染色体就是两个密切相关的概念，前者既表示了本身的特征又表明了它是染色体中一类。

第五，要养成质疑现有概念的习惯。人类的认识是不断向前发展的，关于某事物、关系、过程的知识、材料在不断丰富，因此，人们关于事物本质的把握总是具有时代的局限性，应该随时间不断改变。我们应该有一个开放的心态，树立质疑概念的意识，养成批判性思维的习惯。实验中发现生物体、生命过程等新特征是非常容易和常见的，需要对旧概念进行批判性的改造，纳入新的特性，实现概念的发展，在此过程中提高定义技能。例如，基因概念的沿革。

第六，大胆尝试。大胆尝试，即“赢则再干，败则转换”是最普通也是最基本的一种形成概念和下定义的策略。

（6）控制实验因子技能　在明确实验目的、理解实验原理的基础上，分清因变量、自变量和相关变量，辨别影响实验结果的各种因子，并在实验中有效加以控制的技能。

例如，高中生物学“影响酶活性”的实验中，实验目的是弄清温度、pH 等对酶活性的影响。其中，酶活性是因变量，而温度、pH 等是自变量。为了研究酶活性与温度的关系，必须控制其他条件——相关变量（pH、浓度等）相同的情况下，控制温度在不同的水平（如 37℃、100℃、0℃等），通过温度这种自变量不同水平中酶活性的不同的比较，才能总结出酶活性和温度的关系。这种控制浓度、pH 相同，温度在 3 个水平的能力就属于控制实验因子技能。

实验因子控制是实验操作中的关键性工作。只有根据实验目的、原理对实验因子有效控制，才能对实验结果进行科学分析，得出正确结论，实验因子能否有效、精确控制关系到实验的成败。可见，控制实验因子技能的掌握具有重要的意义。控制实验因子技能的培养要注意以下几点。

第一，明确实验目的，弄清实验原理。目的是厘清实验工作主线，原理是实验设计前提，只有在明确实验目的、掌握实验原理的基础上，才能分析自变量和因变量，把握控制对象。如“光合作用的必要条件”实验中对光和二氧化碳的控制。

第二，指导学生分析选择实验因子的基本控制方法。控制不同实验因子，其方法是不同的，控制同种实验因子的手段和方法也常常不止一种，教师应指导学生结合具体情况因地制宜加以选择。

第三，帮助学生掌握控制因子的一般策略。控制实验因子时，一般采用控制其他因子相同或不变或与对象因子无关的情况下，改变单一因子的方法来实施。这样通过化繁为简使得对实验现象的分析比较清晰、容易，然后再由简及繁，由浅入深。

例如，孟德尔在进行遗传因子的杂交实验中，首先把注意力集中在一对因子上，总结出了遗传因子的分离法则，在此基础上再研究两对遗传因子及三对遗传因子遗传，又总结出了自由组合（又叫独立分配）法则，树立了采用这一策略控制实验因子的典范。

2. 技能目标的层次分析

根据我国中学生物学实验教学的实际，将技能目标分为如下5个层次是比较合理的。

1）见识操作——看人操作

见识操作是这一领域要求的最低水平，也是最基础的要求。通过观察他人的实验，对实验过程中所用的材料、药品、仪器、操作步骤、实验现象等有一个总体的、粗略的感性认识。需要观察和想象的参与。

2）模仿操作—— 跟人操作

模仿操作是比见识操作要求稍高的水平，是在见识操作的基础上发展起来的。学生模仿示范人员的操作一步一步地进行。模仿是其重要特征。

3）意控操作—— 想着步骤操作

意控操作是在模仿的基础上进一步的发展，虽然不要求熟练，但要求独立地完成操作过程。在此过程中，表象起着重要的作用。

4）熟练操作—— 按步骤自动化进行

熟练操作又叫做定型操作。在意控操作的基础上反复进行练习，达到熟练及自动化程度的水平。

5）创新操作—— 自由操作

能够根据特定的情况，根据自己的判断，调整步骤、创造性解决实际问题，是这一领域最高水平的要求，需要创造性思维介入。

2.4.2　能力目标

1. 能力的概念

关于能力概念的界定，学术界并没有形成统一的看法。心理学界一般认为：

“能力是指个体成功地完成某种活动所必需的个性心理特征。”而一般生物学教学论书籍则认为，“能力通常是指完成一定活动的本领，包括完成一定活动的具体方式，以及完成一定活动所必需的心理特征。”

综上所述，能力具有下面几个本质特征。

个体附着性：能力应该是一个人的个体所具有的内在的特征，活动的方式不应该属于能力的范畴。

多因整合性：能力不仅需要知识、智慧等智能因素的支撑，也需要情感因素、体质因素的作用，表现为多种因素的整合性。

活动价值性：能力总是和一定的活动相关联而存在，具有活动的功能价值，没有活动，能力便失去存在的条件。能力大小以完成活动的速度和质量来评价。

综合其本质特征，个体能力（简称人力）是个体内在具有的能体现外在活动价值大小的整合性特征。

2. 能力的分类

1）内在组成结构类型

由内部结构看，能力有如下类型。

智力：包括观察力、记忆力、思维力和创造力。

心力：包括注意力、情动力、意志力、自评力和调控力。

体力：包括耐久力、粿合力和爆发力。

这些内容之间是相互渗透的，实际上并不存在单独发挥作用的情况，但从理论上可以进行如此分解，把它们理解为“分力”，它们逐级整合形成个体的整合性能力。首先，观察力、记忆力、思维力、创造力整合为智力；注意力、情动力、意志力、自评力和调控力整合为心力；耐久力、粿合力和爆发力整合为体力。然后，再由智力、心力和体力整合为完成实际活动的能力，可以看成一种“合力”。

2）外显的功能类型

按照活动倾向性可以划分为：一般能力、特殊能力。

按照活动的性质可以划分为：模仿能力、创造能力。

按照活动类别不同划分为：认知能力、动作操作能力、社交能力、实验能力、合作能力、自学能力等。

技能是在知识、能力的基础上通过反复训练而形成的各种具有专门化、模式化、自动化特征的能力，也是一类特殊的能力。

需要指出的是，所有这些类型之间的区别都是相对的，经常是相互包含，相互渗透的，只是偏重点不同。

3. 能力和活动、知识的关系

1）能力和活动的关系

能力和活动密切相关。一方面，人的能力是在活动中形成、发展和表现出来的；另一方面，从事某种活动又必须以一定的能力为前提。活动进行的速度及成果的质量常被认为是能力大小的重要标志。在教学中只有注重活动过程，才能促进能力发展。

2）能力和知识的关系

知识和能力是两个不同的概念，它们既有区别，又密切联系着。

区别表现在：①它们属于不同的范畴，知识是人类对人类社会历史经验的总结和概括，是认识的成果，内化于个体中的知识体现着个体对周围环境认知及认知方式理解的程度；能力是个体所具有的完成活动水平的整合性特征，内在的个体的能力体现着对周围环境的变革水平。②知识的掌握和能力的发展不是同步的，能力的发展比知识的获得要慢得多，而且也不是永远随知识的增加而成正比发展的。

联系表现在：一方面，能力可在掌握知识的过程中形成和发展，离开了知识，智力是不可能得到发展的，同时心力和体力也是不能充分发展的；另一方面，掌握知识又是以一定的能力为前提的，能力是掌握知识的必要条件，一个人的能力影响着他掌握知识的快慢、难易和质量。能力和知识密切相连，相互促进。

因此，知识爆炸的今天，能力培养具有特别重要的意义。

4. 生物学实验教学中能力的培养

1）思维能力

（1）思维能力的内涵　思维能力是把握客观事物本质属性和内部联系的能力。思维能力处于智力的核心地位，是构成能力的最重要成分。人的思维是人脑对客观事物本质和规律的反映，人的思维活动过程包括分析、综合、比较、概括、判断和推理等多个方面，其中分析和综合是思维的最基本过程。思维能力主要表现为分析和综合能力。

（2）高水平思维能力的特征　主要有敏捷性、灵活性、深刻性、创造性。

（3）生物实验教学中培养思维能力的注意事项　实验教学是培养思维能力的好时机。实验过程常常会出现复杂的情况，遇到多种意想不到的新问题，教师不能简单告知答案了事，而应该引导学生进行分析、综合、推理、判断等积极思维，让学生在思维之中学习，提高思维能力。例如，让学生弄清实验过程设计的思路、实验原理；让学生认真处理实验数据，提出自己的解释；要求学生分析失败的原因等。

2）实验能力

（1）实验能力的内涵　实验能力是指在掌握有关实验理论知识的基础上，综合运用有关实验技能，解决实际问题（科研、生活问题）的能力，是科研人才必备的能力之一，也是科学发达时代进行科学生活应有的素质。

（2）高水平实验能力的特征　主要有熟练性、科学性、创新性。

（3）生物学实验教学中培养实验能力的主要方法　①掌握有关实验的知识、熟练基本实验技能；②注重培养热爱实验、相信实验的情感态度，养成利用实验解决科学和生活所遇到问题的习惯；③创造实验的情景，提供大量的实验机会。实验能力只有通过实验活动过程才能锻炼、培养、提高。教师可以多设计些实验课、多布置些实验作业；在实验教学中多安排些探索性实验；开放实验室，放手让学生自己动手设计实验、独立完成实验。

3）合作能力

（1）合作能力的内涵　合作能力是指群体成员之间为了共同的利益而同心协力实现同一目标的能力，是人类社会发展，人们共同幸福生活所必需的。《教育——财富蕴藏其中》一书的作者把培养合作能力，学会共同生活作为每个人一生中的4个知识支柱之一。在现代社会条件下，从经济发展到科技创新，没有人与人之间的合作，就不可能取得重大成就。例如，学校教育目标的完成，需要教师和领导、教师和教师、教师和家长、教师和学生等之间的通力合作。没有合作，连一场班级篮球赛也赢不下来。

（2）高水平合作能力的特征　主要有个体愉快、过程协调、集体优势。

（3）实验教学中培养合作能力的主要方法　①明确分工。在实验小组中明确分工，要求独立工作，培养个人独立工作的能力，奠定合作的基础。②统一目标。为各小组制订共同目标，使其产生合作需求，驱动互帮互学，协调攻关。③培养合作习惯。培养积极参加集体活动的习惯，是增强合作自觉性的重要途径。④引入竞争机制。组间竞争促进组内合作。

4）自学能力

（1）自学能力的内涵　自学能力指独立获得知识的能力。科学技术的爆炸性发展，知识更新速度加快，教材越来越厚，信息量越来越大，获得知识的渠道越来越多，学校已不可能是学生获取知识的唯一场所，教师也不可能再是学生获取知识的唯一途径，一个人在学校里学到满足一生所用的知识已经成为不可能，客观要求人们在生活、工作中具有独立获得知识的能力，以满足终身学习的需要。

（2）良好的自学能力的特征　主要有：①学习的自觉性强——勤奋；②自学态度坚决——自愿；③掌握自学方法、技能和策略——高效；④养成自学习惯——入迷；⑤不断取得成绩——自乐；⑥理解能力提高——本质。

（3）生物学实验教学中培养自学能力的主要方法　①利用学生进行独立探

索实验这一要求，要求学生围绕实验收集、整理有关知识信息，探求知识。②实验过程是一个不断产生新问题的充满变化的过程，是能激发学生好奇心，使其产生浓厚兴趣的过程。教师要保护学生的好奇心，维护其兴趣，提供可供选择的自学方法、技能和策略，帮助他们克服困难，引导学生通过自己的努力去寻找答案。让他们经历失败后的成功，产生愉快感和幸福感，增强对实验的热爱，提高他们自学的积极性，养成自学习惯。例如，在做观察细胞有丝分裂实验之前，指导学生阅读教材、有关参考书及网上资源，让学生自学获得染色体变化过程等的知识。并提醒学生批判地学习这些知识，挑起亲自实验验证有关结论的兴趣，然后，指导学生阅读实验指导等学习实验的程序性知识和方法，最后，帮助学生独立完成实验，当然是在学生遇到困难，提出帮助要求时才能提供帮助，并且要注意保护学生提问的积极性。提问是自学成果和进一步提高的重要过程。

5）创新能力

（1）创造力的内涵　在进行创造和创造活动中所表现出来的能力。具体而言，是根据一定目的，运用已知的信息，产生出某种具有首创性、社会或个人价值性产品的能力。

（2）好的创造力的特征　①产品的首创性和社会价值性；②具有强烈的创造意识，即创造意图、愿望和动机；③具有很强的创造性思维能力；④掌握各种创造方法和策略。

（3）实验教学中培养创造能力的主要方法　①寻找实验材料的替代品；②变通实验步骤；③培养反权威的理念和批判性思维的习惯；④保护好奇心，激发求知欲；⑤提倡分散思维，并要求与综合思维相结合；⑥鼓励直觉思维，并要求与逻辑思维相结合；⑦启发学生向具有高度创造性的人学习；⑧善于发现和正确对待有创造性的学生；⑨引导学生积极参加创造性活动。

2.5　生物学实验教学的情感目标

2.5.1　中学生物学实验教学情感目标内容

生物学实验教学的情感目标应包括德育、美育、生命观、价值观等几个方面。

1. 德育目标

德育是引导学生领悟道德规范，从事道德实践，培养高尚品德的教育。德育的根本目的是塑造人格，提高思想境界，增强爱国主义、集体主义、社会主义思想，学会关爱自然、生命、社会和他人。加强德育工作，是贯彻“以德治国”方针的需要，是国家长治久安、繁荣富强的需要，是人类社会和平进步、协调发展的需要。

生物学实验教学中有很多德育资源，在生物实验教学中渗透德育，使德育目标与个体的学习、生存融为一体。在生物实验教学实践中认真研究中学生心理，根据生物学科特点，有目的、有计划地进行德育渗透，可以获得较好的效果。一般来讲，在生物实验教学中可进行以下几方面的德育教育。

1）培养学生实事求是、严肃认真的科学态度

在科学探索中，还可以通过认真观察、亲身实践，去感受知识的力量、科学的神奇，从而激发学生学习兴趣，培养学生崇尚知识、尊重事实的态度。例如，让学生课后分组观察、记录“种子萌发过程”，既培养了学生观察能力、动手能力，又从中体会到了生命成长的艰辛。

2）培养学生良好的意志品质

生物是一门以实验为基础的学科。有些难度较大的实验会因为时间控制不好而导致实验结果不明显，在实验中，有些学生很可能因为实验失败而垂头丧气。教师要因材施教，帮助学生分析原因，并给予积极的引导和鼓励，激发学生克服和战胜挫折的勇气，以健康的心态迎接挑战和竞争。例如，参加无土栽培实验的同学在实验中发现温室环境较恶劣，不利于植物生长。同学们想了很多办法，有的提出喷洒农药或杀蚊剂；有的提出改变实验环境；后来经过多次尝试、实践，最后采用了安装可活动的窗户来改善环境，抓几条壁虎来驱蚊子。在反复实践中，同学们培养了耐挫力，增强了自信。

3）培养学生合作协助的精神

生物实验教学大多是分组进行的，组员之间既要合作又要做到分工明确，教师要教育学生学会如何与他人互相配合，共同协作，以达到更好地完成实验的目的。教师在实验中要要求同组实验的同学对实验结果一起进行分析和讨论，使同学们在分析和讨论中总结经验，吸取教训，取长补短，共同提高。实验结束时，也要求两位或多位同学一起将实验垃圾进行处理，将实验器材整理好。这样做，不但有效地提高了生物实验教学效率，同时还为学生创造了一个团结协助、互相学习的氛围，使同学们能够做到人人投入，遇到问题大家一起讨论，出现故障共同排除，培养了他们互相协助的合作精神。

4）培养学生的责任心和集体意识

生物实验从材料准备、动手操作到结束，整个过程面临着大量的清洗整理工作。特别是在实验操作中不小心弄碎的玻璃仪器，或其他的废弃材料，必须做适当的处理，不能因为自己的疏忽而对他人造成伤害。让学生意识到这不单单是一个习惯，更是一种道德意识，一份责任心。教师当以身作则，与学生一起打扫实验室，清洗实验之后的器材，带领同学们在劳动中掌握技术。此外，生物实验室有许多仪器，如酒精灯、温度计、显微镜等。教育同学像爱护自己一样爱护实验室的每一件仪器，让学生意识到爱护实验室器材就是爱集体的具体体现，增强学生集体意识。

5）培养学生敢于探索、勇于创新的精神

实验探究，是发现未知、验证真理的最有效的手段。新教材将教师做的演示实验、学生做的分组实验以及课内外的小实验较合理地穿插到有关章节课文的前面、中间或后面，成为每节教学内容的重要组成部分。探索性实验是指实验者在不知晓实验结果的前提下，通过自己实验、探索、分析、研究得出结论，从而形成科学概念的一种认识活动。这种实验的内容是没有学过的新知识，学生有新奇感，有利于培养学生观察分析、实验操作、独立思考和解决问题的能力。

2. 美育目标

美育又称审美教育，是运用艺术美、自然美、科学美和社会生活美培养受教育者正确的审美观点和感受美、鉴赏美、创造美的能力的教育。

审美是人的需要，是人实现自我发展的原动力。作为社会生活主体的人，有着审美的客观需要，具有保护和提升个体原发性的生命活力的价值，人类对美的追求在社会生活的各个方面起着巨大的作用，人是“按照美的规律来建造”所需要的东西。美育对学生德智体劳等各方面的发展起着促进作用，在提高学生的基本素质、培养追求真、善、美理想中是不可或缺的。美育可以扩大学生的知识视野，发展学生的智力和创造精神；美育还具有净化心灵、陶冶情操、完善品德的教育功能；美育可以促进学生身体的健美发展；美育有助于劳动观点的建立和技能的形成。总之，美育具有不可替代的特殊教育功能，是情感教育的一个重要内容，在推行素质教育的今天应该加强审美教育。

艺术美只是美育的一个方面，学校中的美育不可能仅通过美术、音乐、舞蹈等艺术课去完成，美育还需要在科学教育中进行，过去在科学教育中很少进行自觉的审美教育，在一定程度上影响了学生审美能力的全面提升。因此，在各个学科的科学教育过程中加强审美教育势在必行，在生物学教学中进行审美教育，是其义不容辞的责任。

但是，令人遗憾的是，尽管生物学科教育的美育功能是客观存在的，在生物学教育的理论和实践中美育功能却长期处在被忽视或不自觉的状态，在全国统一的教学大纲或课程标准中都没有这方面的明确要求。在中学生物学课程标准中，情感目标较全面地涉及了德育（如树立辩证唯物主义观点、逐步形成科学的世界观、增强爱国主义思想情感、树立人与自然和谐统一和可持续发展的观念等）、心理教育（如养成实事求是的科学态度，初步具有勇于探索、不断创新的精神和合作精神等）等多个领域，唯独没有提及美育的内容。这严重制约着生物学教学的发展和学生生物科学素养的建构，因此作为生物学教学主要组成部分的生物学实验教学，应该把美育作为一个重要方面。

生物学实验教学过程中流动着丰富的审美信息，具有重要的美育价值。

1）生物界的美

生物界美不胜收。生物多样性的美，结构与功能统一的美，生命与环境相适应的美，生物与生物之间关系的美，生物界的进化发展过程机制的美。

2）生物科学的美

人类是按照美的规则建立生物科学体系的，生物科学领域内到处有美的体现。科学概念、科学理论、科学规律、科学符号美，公式、图像、图表美，知识结构体系美，研究方法、手段、过程美，生物科学发展进步美，生物科学的应用价值美。

3）科学家的美

许多生物科学巨匠都是美的化身，他们追求的执着、人格的高尚、认知的智慧，无不散发着美的光芒，震撼着师生的心灵，给人以美的启迪。

4）生物学教师的美

生物学教师的衣着、形象、行为、人格美，生物学教师的语言、体态、情感、驾驭教材、教学手段、教学方法美，征服学生的教学艺术美。

5）生物学教学手段的美

生物学挂图、模型、各种直观教具美，生物学声像教育资料、多媒体教学软件美。

3. 生命观教育目标

生命观，是人类关于如何对自然界生命物体的一种态度，是世界观的一种，包括对人类自身生命的态度，是人类意识的核心。从人类历史发展整体看，生命观反映社会的文明程度和人类对自身的认识程度。

生命是物质运动的高级形式，是从非生命物质发展来的，是自然界物质长期演化的产物。生命的存在方式包括植物、动物和微生物三大类。恩格斯以辩证唯物主义的观点，概括了从最简单的生命到人类生命的根本特征，给生命下了一个科学的定义："生命是蛋白体的存在方式。这种存在方式本质上就在于蛋白质、核酸和酶三类生命分子的复合体。生命的本质是蛋白体的同化作用和异化作用的对立统一和矛盾运动。生命过程，就是蛋白体不断自我更新、自我复制、自我调节的过程。蛋白体的同化与异化和不停地跟外界进行物质、能量、信息的交换是生命存在、发展的基本条件和根本动力。蛋白体内部的同化和异化、遗传与变异的矛盾运动，即新陈代谢、自我繁衍是生命发展的根本规律。

所谓生命观教育就是通过开展一系列与生命保护和社会生存有关的教育活动和社会实践活动，向受教育者系统传授生存的知识和经验，有目的、有计划地培养学生的生存意识、生存能力和生存态度，树立科学的生存价值观，从而促进个性、自由、全面、健康发展，实现人与自然的和谐统一的过程。

在对学生的生物知识教学中，生物教师应随时对学生进行“生命只有一次，关爱生命关爱他人”的教育，因为生物学本身就是一门专门有关生命的学科，没有理由不去注重在实际教学中渗透有关生命观的教育。

4. 情感态度、价值观目标

积极的情感和生活态度，健康的心理状态和生活方式，科学的态度和价值观，是人类个体愉快工作、幸福生活的基础。

1）驱动力

驱动力是指由情感、兴趣、需要、动机、信念等形成的心理力量，又可称为内动力、内驱力。情感、需要等可分等次，如情感分情绪、情调、情操。这些层次有高低之分：情绪、情调属于低级情感；情操属于高级情感。这种层次性表明了存在着发展的可能性，给教育留出了发挥作用的空间。

在生物学实验教学过程中要利用一切时机，推动学生情感发展，培养他们的社会情感、成就感、道德感、正义感等。

2）意志力

意志力最能代表人的心理力量，几乎成就任何一件事情都离不开意志过程。对于同样良好动机的人，意志起决定作用。意志力不是天生的，是在工作、学习和活动中发展而来的，实验教学是发展意志品质的良好时机。

3）注意力

注意是“心理活动对一定对象的指向与集中，它是心理过程的动力特征”。它对观察、记忆和思维等认知活动起直接作用。优秀的注意品质表现在专注性、转移性、配置性几个方面，它们相应地表现为注意的专注力、转移力、配置力。注意按其性质又可以分为无意注意、有意注意和有意后注意。

培养注意力是实验教学不可推卸的责任，教师应该培养学生的有意注意力和无意注意力，并使学生形成有意注意和无意注意自觉配合的品质。注重以专注力增强为中心，同时提高注意转换能力和配置能力。

4）自评力

自评力是自我评价能力，是自我感受、自我体验、自我估量的综合。它主要以自尊心、自信心等为主要内容。

自信心是一种积极的自我评价，自信心的健康发展可以让人的能力增大很多倍；自信心的削弱可以毁灭人，导致人的崩溃，这是不良教育造成的悲剧。自信心是每位教师每一节课都要注意培养的，即使不能提高，也绝不能挫伤。生物学实验教学应注意自评力的发展和自信心的培养。

5）调控力

调控力是克服心理障碍建构健康心理的能力。心理障碍或心理疾病危害程度并不亚于生理疾病或障碍。可是，虽然身心健康在教学目标中备受重视，但实际教学中对青少年心理健康的关心则十分不够。青少年精神病发病率提高，大学生、中学生自杀现象层出不穷，这些都表明亟待加强心理教育，提高心理调控能力。

人的心理状态分为积极的正态，消极的负态，中性的零态。心理调控主要有4种基本形式：对正态的保持，对负态的解脱，防止负态化，发展正态化。了解有关知识，在实验教学中创造性地应用于培养学生的调控力，是实验老师义不容辞的职责。

2.5.2 生物学实验教学中情感教育目标的实施

在情感领域，生物学实验教学比起理论教学来具有自己的优势，是进行情感教育的重要契机。例如，做完实验后，利用如何处置鼠妇、蚯蚓这一问题的解决，培养学生关爱生命的情感，进行爱护自然界的生物、保护生物多样性的教育。再如，在处置实验时产生的废液、废物等过程中提高学生的环保意识，进行人与自然和谐统一和可持续发展观念的教育。

实验中要爱护学生，当学生在实验中受伤时，要引导同学们和教师一同帮助伤病学生获得及时治疗，受到帮助的学生，在爱心的氛围中激起乐于向他人、社会奉献爱心的高尚情感。当学生勇敢地在自己的手指或耳垂等部位取血样时，教师要及时给予鼓励和表扬，培养其勇敢、坚毅的精神。引导学生认真观察，发展学生的注意力；要求如实记录，养成实事求是、严谨治学的科学作风；鼓励学生积极进行创新思维，拥有勇于探索的科学精神。

在进行实验设计时，教师可以选择难度适当的实验课题，帮助学生克服困难，获得最后的成功，使学生具有成功感，获得幸福感，产生愉快感，增强自信心，积聚浓厚的兴趣，磨砺坚强的意志，诱发自主进行科学实验的积极性。

生物学科是进行生命观教育的主要渠道。因此，教师在生物课堂的实际教学中，既要让学生体会到生命的精彩，又要让学生感受到生命的脆弱；既要让学生发出对生命的慨叹，又要让学生能够对生命发出由衷的赞叹！所以，在实际的课堂教学中，把诸如关爱生命，生命只有一次等和生命教育有关的理念渗透其中，使学生真正提高对生命的认识，让学生学会善待自己、善待别人、善待生命，成为一个情商和智商均衡发展的人。

综上所述，生物教师应引导学生养成用科学实验解决生活、学习中遇到问题的习惯，逐渐形成科学意识、科学态度，树立科学、正确的人生观、世界观、生命观。

思 考 题

1．你认为实验教学应该包括哪些知识目标？
2．什么是技能？实验教学中应培养哪些基本技能？
3．什么是能力？生物学教学中应培养哪几个方面的能力？
4．如何在实验教学中进行能力培养？
5．什么是生命观？生物学教学中培养生命观的优势有哪些？

第3章　生物学实验教学类型

内容提要：①演示实验；②独立实验；③课外研究性课题；④探究性实验。掌握各类实验的特点及基本要求。

生物学实验教学是一种独特而重要的教学形式。从不同的角度，可以把中学生物学实验分为不同的类型。按照学科性质的不同来划分，中学生物学实验可分为形态学实验、解剖学实验、生理学实验、生态学实验、分类学实验、遗传学实验、细胞学实验、胚胎学实验、育种学实验、生物技术实验等。

根据实验手段和教学目的不同，可将中学生物学实验分为以下两类：①定性观察实验，如观察叶绿体的结构、观察细胞质的流动等；②定量分析实验，如有性杂交试验，种群密度的取样调查等。

从实验内容与学生认知关系的角度看，中学生物学实验又可分为：①验证性实验，如观察植物细胞的有丝分裂、观察被子植物的花粉管等；②探究性实验，又可分为提供明确方法步骤的实验，如人类染色体的组型分析，以及让学生设计的实验，如植物向性运动的实验设计和观察。

在教学实践中，根据实验开展的情景、实验材料的性质、实验进行的条件、实验依据的仪器、设备等，可以把生物学实验分成真实实验（基于真实情景的实验）、模拟实验（基于模拟情景的实验）与虚拟实验（基于虚拟情景的实验）三大类。

从教学角度来看，中学生物学实验则可以分为演示实验、学生实验、课外实验 3 种类型。这种分类方法是中学最常采用的，下面将依此种分类所划分的实验类型，去探讨中学生物学实验的教学组织问题。

3.1　演 示 实 验

演示实验是教师采用演示的方法，结合课堂教学而进行的生物学实验。在新编生物教材中，演示实验有充分的应用。演示实验是直观教学的一种高级形式，它能利用学生的好奇心，吸引学生的注意力，激发学生的学习兴趣。做好这些演示实验，一方面可以充分调动学生学习的积极性，使学生比较容易接受和巩固有关生物学知识，以加深记忆；另一方面还可使学生了解正确使用仪器的方法和操作过程，同时还是培养学生观察力、注意力和思维能力的重要途径。

3.1.1 演示实验的类型

演示实验既可演示实验的全过程，也可以演示实验的一部分；既可通过演示实验传授生物学新知识，也可以验证巩固生物学知识，或指导学生进行正确实验、实习等实践活动。

1. 传授新知识的演示实验

从实验目的看，是以学生获得新的生物学知识为目的；从逻辑上看，是由特殊到一般的学习过程；从教学形式看，通常是教师边讲边演示、学生边听边观摩。在演示实验时，都是要先向学生讲述实验材料用具，实验方法步骤和实验条件，当学生看到实验现象和结果时，再引导学生得出正确的结论。通过演示实验来进行新知识的教学，具有较强的真实感和说服力，容易使学生理解和记忆。

2. 验证巩固知识的演示实验

验证巩固知识的演示实验，从实验目的看，是以验证和巩固已学过的生物学知识为目的；从逻辑上看，是由一般到特殊的学习过程；从教学形式看，通常是讲授新知识以后进行的演示实验，以验证巩固所学知识。在运用这类演示实验时，教师要引导学生运用已初步掌握的知识来说明实验原理、观察实验过程、解释实验现象，引导学生得出结论。此外，教师还要引导学生把一般规律性的知识与演示实验得到的个别结论联系起来，加深印象，提高知识的巩固率。

3. 指导实验、实习活动的演示实验

这类演示实验，从实验的目的看，是以指导学生进行正确实验、实习等实践活动为目的；从教学形式看，是在学生实验课时或学生实习之前进行实验。在上实验课时，为了学生能正确地进行实验操作和观察，防止在实验操作使用器材方面产生错误，教师一般都要进行实验的演示。在学生开展实习等实践活动时，教师也要就实习内容、操作要领先进行示范，再让学生活动。进行这类实验时，教师应特别注意讲清操作要领和注意事项，示范时的动作要规范、准确，成为学生的榜样。

3.1.2 演示实验的基本要求

1. 演示实验前进行说明与讲解

教师应向学生说明要做什么实验，介绍实验的主要材料和用具，指出实验的

关键环节，给学生提出思考性问题，然后教师再进行演示。

2. 演示实验时要注意语言的配合

要配合恰当的语言，操作与讲解紧密配合能更好地发挥演示的作用。关键环节要提示学生注意观察，重要结论要启发学生自己得出。

3. 演示实验操作要规范

在演示实验时，教师的一切操作都要符合操作规程，做到规范化，教给学生正确使用仪器和进行实验操作的方法，给学生树立良好的榜样。

4. 演示实验结果要准确

在演示实验前，教师要认真准备并选择实验结果最佳的实验材料和实验方案。在演示实验过程中，应以严肃认真的态度对待实验，使实验能够达到准确的预期结果，以保证教学的顺利进行。

5. 演示时要照顾到全体学生

首先要注意演示高度适中，其次演示物小时，要借助挂图、板图或投影等手段给学生加以解释；教师还可以把演示物发给学生或在教室中走动演示，这样全体学生都能观察到要观察的现象。

6. 预测演示实验可能出现的偏差，并能做出正确的解释

在正常情况下，实验能按预想的结果进行下去，有时也可能不按预想的结果进行。因此在备课时，教师要设想到各种可能性，一旦出现异常情况，必须及时做出正确的解释。

3.1.3 演示实验的优化策略

1. 制作动态 flash 课件

在生物学教学中，有些演示实验，只单纯用教具刻板地演示，学生只能获得浅显的表象认识，并不能深刻彻底地理解并掌握知识。在生物学教学中研制动态 flash 课件，用计算机辅助做演示实验，能很好地将实验过程与知识结构原理结合起来，效果极好。例如，在讲授“家鸽”这节课时，有的老师制作了动态课件，成功地演示了家鸽双重呼吸的生理过程，形象地演绎了家鸽举翼时空气经肺进入气囊，家鸽垂翼时气囊收缩，再经过肺进行双重呼吸的过程，学生兴趣盎然，这样的演示既形象又深刻，学生轻松地掌握了知识，同时又培养了学生观察能力和

思维能力。再如，讲解青蛙用皮肤辅助呼吸时，可制作动态 flash 课件，演示皮肤中有丰富的毛细血管，氧气进入毛细血管中，毛细血管血液中的二氧化碳通过皮肤排出体外的过程，这样学生可以轻而易举地记住了青蛙皮肤极薄，并且湿润、裸露，内充满毛细血管，青蛙利用皮肤进行辅助呼吸。

2. 自制活动教具

在生物教学中，教师常常使用教具进行演示实验，但能活动的教具很少，有些演示实验甚至没有现成的教具，这样就阻碍了教师的教和学生的学。教师可根据需要研制一些活动教具，改进演示实验教学效果。例如，在讲授 5 类脊椎动物心脏特点时，有的老师自制了 5 种心脏的模型，模型都能自动纵剖开，学生既能观察心脏的外部形态，又能洞察里面各腔的特点，很容易地掌握了 5 类心脏的结构和生理特点。活动教具可以动态地演示生物生理、生化过程，学生可以动手操作，使他们有兴趣地观察、记忆、理解，很容易地掌握了各种动物的形态结构和生理功能。

3. 灵活选择实验材料

在实验过程中，特别是演示实验过程中，教师使用可替代的器皿、废旧材料，只要安全性没有问题，不仅物尽其用，而且在替代设计中有利于发扬学生的创造精神，把实验室中的实验变为生活中可进行的实验，更具有教育意义。课程标准的实验要求和所提供的案例，除显微镜外，没有昂贵或复杂的器材，多数都是低成本、低损耗实验。

3.1.4　演示实验的示例

种子萌发的条件

1. 实验指导

种子能不能萌发，决定于两方面的条件：自身的条件和外界的条件。自身的条件是指种子的胚必须是完整的，而且是活的。那么，外界条件是什么呢？在讲述此问题时，结合“种子萌发的条件”这一演示实验进行教学，会使学生比较容易掌握。种子萌发除了自身条件外，还需要一定的水分、空气和适宜的温度这些外界条件。该演示实验属于传授新知识的演示实验，教师首先要让学生注意实验的条件，认真比较和观察实验现象，最后引导、启发学生得出“一定的水分、空气和适宜的温度是种子萌发的外界条件”这一结论。

2. 实验原理

种子萌发时，种子内不溶于水的大分子有机物必须转变成能溶于水的小分子物质，胚才能吸收利用。而物质的转变过程，只有在水分、空气充足，温度适宜的条件下才能进行。

3．目的要求

使学生了解种子萌发除了自身条件外，还需要一定的水分、空气和适宜的温度等外界条件。

4．材料用具

种子（如菜豆、玉米、大豆等），烧杯，玻璃条（或木条），温度计，细线，清水等。

5．方法步骤

① 取3粒相同的种子用线缚在玻璃条上。

② 把缚有种子的玻璃条放在盛水的烧杯内，使下面的一粒种子完全浸没在水里；中间的一粒种子一半浸在水里，一半露在空气里；上面的一粒种子完全暴露在空气中。

③ 将烧杯放在温暖的地方。

④ 用同样的方法，再做一套装置放在寒冷的地方。

⑤ 每天观察种子萌发的情况并做记录。

⑥ 几天以后，可以看到放在温暖地方的中间的一粒种子萌发了，上面的和下面的种子都没有萌发；而放在寒冷地方的种子都没有萌发。

6．分析讨论

这个实验表明，水分、空气和适宜的温度是种子萌发的外界条件。如果有空气没有水分（上面一粒种子），或有水分没有空气（下面一粒种子），或有空气有水分而缺乏适宜的温度（寒冷地方中间的一粒种子），种子都不会萌发。

实验时应注意要选具有完整的胚而且是活的种子，要及时补充烧杯中的水，使中间的一粒种子始终与水面接触，这些是保证实验成功的关键。

3.2 学生实验

学生实验是指在教师的指导下，学生独立操作而进行的实验。它与演示实验不同的是，一般是在实验室里由学生亲自动手操作，并要用文字、图表等形式记录和分析实验现象、结果。由此可见，学生实验更有利于训练学生的各种实验技能、培养实验能力，更能激发学生的学习兴趣和发挥学生的主动性、创造性。学生实验可用于学生学习获得新知识，也可用于在学习过新知识以后，使学生进一步理解、验证和巩固新知识。

3.2.1 学生实验的类型

学生实验通常分为3种方式：即模仿式、分段式和独立式。可根据学生的接受能力和实验的具体内容，采用不同的方式组织和指导学生实验。

1. 模仿式实验

模仿式实验，简单地讲就是教师边讲解、边示范，同时学生边听讲、边模仿进行的实验。这种方式的实验一般是在低年级初开始生物学实验时采用。要求教师一方面要把实验步骤分好，对每一步骤提出明确的要求；另一方面要使示范操作跟谈话相结合，注意指导和检查实验质量。例如，“临时装片的制作”实验，就可组织全班学生按以下 7 个步骤，采用模仿式进行实验。①用洁净的纱布把载玻片和盖玻片擦拭干净；②把载玻片放在实验台上，用吸管在载玻片的中央滴一滴清水；③用镊子从大蒜蒜瓣上撕取一小块透明薄膜；④把撕下的薄膜浸入载玻片上的水滴中，用镊子展平；⑤用镊子夹起盖玻片，使其一边先接触水滴并轻轻地盖在薄膜上；⑥把一滴染液滴在盖玻片的一侧；⑦用吸水纸从盖玻片的另一侧吸引，使染液浸润到标本的全部。这样就制成了临时装片，可在显微镜下观察。

采用模仿式实验的方式，学生的操作步骤一致、行动统一，容易维持课堂秩序，能有效地防止个别学生分散注意力和破坏纪律的行为。但学生仿照教师的示范操作，不能充分发挥学生的主动性和创造性，也不利于培养学生的独立工作能力。

2. 分段式实验

分段式实验就是把一个实验分成几个段落，教师先讲解、示范第一段落，然后组织学生完成第一段落的实验。再以同样的形式完成第二段落的实验，这样直到最后一个段落的实验结束。例如，“临时装片的制作”实验，如采用分段式则可以把 7 个步骤划归 3 个段落，按照 3 个段落进行实验。第一段：准备，包括第一步和第二步。第二段：制片，包括第三步、第四步和第五步。第三段：染色，包括第六步和第七步。

分段式实验使学生在一定范围内进行独立操作，既能培养学生的独立工作能力又比较容易控制课堂秩序。但仍存在学生的操作进度不一致、每段实验不能同时结束的现象。要求教师要合理分配每段实验的时间，保证绝大多数学生能够完成实验。教师除了要重点指导操作进度慢的小组和个人外，还要给早完成的同学布置一些补充实验题或思考题。

3. 独立式实验

独立式实验，是指在教师指导下学生独立地完成实验。实验开始时，教师要根据实验内容做简要的讲解，着重讲清操作中的关键问题并进行必要的示范，并把实验步骤和注意事项写在黑板上供学生在实验过程中随时参考。在学生实验过程中，教师的主要任务是巡视和个别指导。当发现有共同性问题时，可暂停实验，进行集体指导。采用独立式实验方式，师生都要做好实验前的准备工作，学生要进行预习，教师要做好预试；教师要少讲精讲，给学生以充足的动手操作时间；对学生实验操作上的错误，应该诱导启发学生自己纠正，教师不能包办代替。

独立式实验能有效地培养学生独立思考和独立工作的能力，训练学生的实验操作技能。当学生具有一定的实验能力以后，应尽可能地采用这种方式。

3.2.2 学生实验的注意事项

1. 做好实验教学的准备工作

教师做好实验前的充分准备，即备好实验课，是上好实验课的基本保证。实验课的准备工作主要包括编制填写实验课教案、准备实验材料用具、进行预备试验、选择实验教学方法和确定实验作业等。

① 编写出实验课教案。实验课仍需教师在认真备课的基础上写出教案。要根据课程标准要求和具体实验内容，确定实验的具体目的要求，设计实验教学程序，确定实验的重点和难点，选择适当的教学方法，设置实验作业题。

② 准备好实验材料用具。生物学实验材料不同于物理、化学实验材料，它明显受到地域性、季节性和生长发育周期的限制。有的必须预先采集或购买，有的需要提前一定时间进行培养。所以，对实验材料的准备必须做到计划周密、及时供应，保证实验的正常进行。此外，对实验需要的仪器用具和药品也必须预先准备，进行必要的试用、检查和配制。

③ 做好预备试验。教师在实验课前，要根据实验课教案和准备好的器材、药品进行预备试验。其目的主要是，确定实验选材和实验最佳方案；摸清实验的关键步骤及可能出现的误差；了解实验的分量和时间安排是否适当，以便更好地安排教学进度。做好预备试验的最终目的是要提高实验课的质量。

④ 布置好实验课的预习。为使学生能顺利地进行实验，提高实验效果，每次实验课前都有必要布置学生预习或复习实验教材及实验有关的内容。结合实验课上的复习提问，还要对学生的预习情况进行检查。

⑤ 训练好实验课的小助手。根据中学生的特点，训练好实验课的小助手，对于减轻教师的指导负担和提高实验课质量，是非常必要的。可以在实验课前利用课外时间培训小组长，让他们事先熟练地掌握实验内容和方法，以便在实验课上起“小老师”的作用。

2. 重视实验过程的组织教学

搞好实验的组织教学，是上好实验课的又一重要保证。

① 做好组织工作。实验的特点，决定了学生在进行实验时要操作、要观察、要讨论。如果组织不当，要求不严，将导致秩序混乱。

② 说明规则。学生对实验器材的好奇心和没有养成良好的习惯，常常会引起实验课秩序混乱。学生对实验器材有好奇心是正常的，但教师从第一次实验时，就必须说明实验室守则和实验规则，要求学生严格遵守，培养学生良好的实验习惯。

③ 及时解决出现的问题。学生在实验过程中遇到困难不能及时得到解决，也是引起实验课秩序混乱的原因。例如，学生对实验方法步骤不明确，在实验过程中遇到自己解决不了的困难等。这就要求教师在实验课前要布置预习和复习，实验时要做好讲解和必要的示范。

④ 分组合理。由于实验分组不当，有些学生在实验中没有事情可做，也会导致实验课秩序混乱。例如，每个实验小组的人数太多，实验器材太少，实验被个别学生“包办”，而大多数学生是“旁观者”，有的学生就会“无事生非”。因此，合理的分组是十分必要的。

3. 注重实验过程中教师的指导

整个实验过程中，一定要让学生亲自动手，并按自己设计的程序去做。鼓励学生在不违犯操作规程的前提下，大胆去做，不要怕出错误，不要怕失败。若实验不成功，也尽量让学生自我纠正，重新操作，使他们在失败的教训中悟出道理。这样在实验中获得的知识印象就更为深刻，技能更为熟练，对关键的、本质的问题才能领会得更加透彻。实验报告也必须让学生独自完成，并要求严格按照自己实验的过程、情况、结论去写，以培养其实事求是的科学态度。总之，在整个实验过程中任何人都不要包办，逐渐地培养学生从能够动手到独立操作，亲身去体验实验的乐趣，获得实验的喜悦，从而增加其自尊心和自信心，克服懒惰和依赖的思想。

让学生独立实验，也绝不能搞成“放羊式”，教师要加强指导，要善于引导学生主动地、积极地去探索，自己去发现问题、提出问题和解决问题，这样才能有效地增强学生理解问题和分析问题的能力，有效地调动学生实验的主动性和创造性。例如，某些学生实验发生差错时，应及时指出如何改进实验或设计新的实验，如何探讨和分析新的问题等。教师还要批评和制止那种不认真的、违犯实验规则的行为。对一些不规范的操作或实验效果不好的，如一些定量实验，如果测定的结果误差太大时，要及时帮助学生分析出原因，纠正错误，重新操作。最后，教师对学生的实验情况和报告还要进行总结和讲评，评价学生掌握知识和实验操作、实验修养等方面的优缺点，同时还要指出学生以后努力的方向。

4. 注重创设良好探究的实验氛围

学生在实验过程中发现了问题，出现了疑问，可以进行讨论，讨论不仅在师生之间，而且应当在学生之间广泛展开。因为学生是实验的主体，遇到了问题尽量让学生自己解决，以促进独立实验的进行。也可让学习好的、动手能力强的学生当“辅导员”，帮助那些动手能力差的学生。这样通过讨论可以使学生接触和发现更多的问题，并使问题理解得更深刻、更透彻。

在实验过程中要抓住时机诱导学生思考，逐渐形成讨论、探究的实验氛围。这样，边实验，边思索，边总结，就会水到渠成，为最后的总结奠定良好的基础。实验探究实施过程中教师若能抓住时机，创设质疑的环境，“以其所知，喻其不知”，能达到事半功倍的效果。

例如，在人教版生物必修 1“分子与细胞”模块中“检测生物组织中的糖类，脂肪和蛋白质”这个实验，学生选择了白萝卜、花生、大豆作为实验材料，并通过实验检测发现白萝卜中有还原糖，花生含脂肪，大豆含蛋白质。其实在教材给出的原料中，还可以再增加一些比如甘蔗汁、面粉、番茄、小白菜、甘蓝叶、葡萄糖溶液、食用油等材料供学生选择。由于此实验操作较简单、易成功。所以，在实验中又适时提出一些问题：在实验中为什么只是选择白萝卜、花生、大豆作为实验材料？能否有替代品？思考并尝试用其他材料进行实验，结果又该如何呢？在实验分析后，又引导学生思考：生物组织中是否只含有一种物质？比如白萝卜中是否只含有还原糖，有没有蛋白质？学生很快会明白生物组织中不只含有一种物质。能否用白萝卜中检测蛋白质，用花生来检测还原糖，用大豆来检测脂肪呢？让学生尝试探究。在这过程中教师尽量只当一个组织者，不以自己的思维左右学生的思维，让学生畅所欲言，鼓励学生继续探究。

5. 注重实验操作中的情感教育

要特别注意教育学生爱护生物，对野生动植物不宜大量采集，这既是爱护生物资源，也是一种情感教育。例如，《义务教育初中阶段生物课程标准》（以下简称《初中生物课程标准》）的案例中涉及的鼠妇等实验动物，还特别提醒实验观察后放归大自然。整个《初中生物课程标准》就没有要求采集和制作动植物标本以及解剖动物，也是出于同样的考虑。在不用生物材料的情况下，也可以设计模拟实验，如模拟血型鉴定的实验就以不同药品代替血液及血制品。模拟的方法也是科学实验中常用的方法。有条件的学校还引入多媒体技术，设计虚拟实验。实验设计的多样化，还包括同一实验的不同设计思路，教师可以创造，学生也可参与，以发展他们的创新意识和实践能力。

3.2.3 学生实验示例

观察植物细胞的质壁分离与复原

1．实验原理

当细胞液的浓度小于外界溶液的浓度时，细胞液中的水分就透过原生质层进入外界溶液中，使细胞壁和原生质层都出现一定程度的收缩。由于原生质层比细胞壁的伸缩性大，当细胞不断失水时，原生质层就会与细胞壁逐渐分离开来，也说是逐渐发生了质壁分离。

当细胞液的浓度大于外界溶液的浓度时，外界溶液中的水分就透过原生质层进入细胞液中，整个原生质层就会慢慢地恢复成原来的状态，使植物细胞逐渐发生质壁分离复原。

2. 目的要求

① 初步学会观察植物细胞质壁分离与质壁分离复原的方法。

② 理解植物细胞发生渗透作用的原理。

3. 材料用具

紫色的洋葱鳞片叶，刀片，镊子，滴管，载玻片，盖玻片，吸水纸，显微镜，质量浓度为 0.3g/ml 的蔗糖溶液，清水。

4. 方法步骤

① 制作洋葱鳞片叶表皮的临时装片。

② 用高倍显微镜观察，可以看到洋葱鳞片叶表皮细胞中紫色的中央液泡，还可以看到原生质层紧紧地贴着细胞壁。

③ 从盖玻片的一侧滴入蔗糖溶液，在盖玻片的另一侧用吸水纸吸引。这样重复几次，盖玻片下面的洋葱鳞片叶表皮就浸润在蔗糖溶液中。

④ 用高倍显微镜观察，可以看到细胞中的中央液泡逐渐变小，原生质层逐渐与细胞壁分离开来。

⑤ 从盖玻片的一侧滴入清水，在盖玻片的另一侧用吸水纸吸引。这样重复几次，洋葱鳞片叶表皮又浸润在清水中。

⑥ 用高倍显微镜观察，可以看到细胞中的中央液泡逐渐变大，原生质层又逐渐贴向细胞壁。

5. 结论

将观察到的现象和得出的结论填写在《实验报告册》上。

6. 讨论

① 如果将上述表皮细胞浸润在与细胞液浓度相同的蔗糖溶液中，这些表皮细胞会出现什么现象？

② 当红细胞膜两侧的溶液具有浓度差时，红细胞会不会发生质壁分离现象？为什么？

3.3　课 外 实 验

课外实验，也称家庭实验，是指教师组织指导学生利用课外时间，在校内、野外或家庭进行的一些生物学实践活动。由于整个课外实验过程都是在学生亲自动手、亲自管理和亲自观察下进行的，因此学生对实验会有更深刻的印象，能加深和巩固学到的基础知识和节省课时，提高教学质量；并能有效地培养学生的独立工作能力和学习兴趣；也有利于生物学人才的培养。

3.3.1　课外实验的内容

生物学课外实验是建立在课程标准基础之上的，但又可以不受课程标准的限制，用于补充和扩展学生的生物学知识。现行中学生物学教材中都规定了一些学生课外实验作业，有条件的学校不要局限于这些要求，而应该尽可能多做一些课外实验。

选择生物学课外实验应符合难易适当，取材容易，方法简便，生动有趣的要求。此外，还应遵循与课堂教学相联系，以实践为主，因条件而异，发挥教师特长等原则。

1. 植物观察、培养、栽培、解剖、生理实验

植物学教学中常常需要一些植物活体做演示、观察或实验，最好能结合课堂教学组织学生开展一些与教学有关的实验，服务于课堂教学。

2. 动物的饲养、解剖、生理、生活习性的观察实验

动物学教学和实验同样需要各种动物活体，让学生开展饲养小动物活动，并做解剖、生理及习性观察的研究，不仅可以解决实验材料，而且还可以培养学生的实际动手能力和观察能力。

3. 采集制作生物标本

生物标本的采集和制作实验要根据当地资源和教学需要而开展。植物可采集不同的根、茎、叶、花、果实和种子，采集本地特有的或经济价值较高的药用、油料植物，采集各种类群的植物等。动物可采集各种无脊椎动物和允许采集的小型脊椎动物等。采回的生物，根据需要和可能制成各种标本。

4. 自然界生物及其分布、生态环境的观察

让学生到校园、郊外或动植物园，直接观察各种生物的分布、生态环境；了解生物各类群之间，生物与环境之间的关系；识别常见的动植物；进行生物个体生态观察和各种植物群落的考察。

3.3.2　课外实验的组织指导

1. 要根据讲课进度和季节适时安排

有些课外实验，安排在学习了相应的理论知识后进行，是验证性的，目的是

加深与巩固学到的基础知识，如当学过“血液”一节后，可安排学生做“ABO 血型的鉴定”实验。有的课外实验，如“蚯蚓的翻耕”，则可以提前安排，为学习新知识准备必要的感性知识。还有些学生课外实验具有季节性，如“青蛙受精卵的发育”，需要按当地、当时的季节实际进行安排。

2. 要让学生充分了解实验目的、实验内容和实验方法

课外实验往往没有现成的实验指导，因此，在实验前使学生充分了解实验目的、实验内容和实验方法是非常必要的。否则，就会使实验成为盲目的活动，学生不知何去何从。在实验前教师应向学生讲清实验目的、内容和方法，解答学生不懂的问题，让学生自己查阅资料获得有关知识，保证实验顺利进行。

3. 对学生的要求要严格，指导要具体

对学生严格要求的一项重要措施，就是进行有效督促和检查。课外实验必须要求学生做好记录、测量、绘图、制表和小结。能交实物的，尽可能要求交。如果只布置实验项目，不进行督促检查，会使课外实验流于形式。在实验进行过程中，教师要随时指出实验中应注意的问题，及时抽查学生的实验情况，以便进行针对性的具体指导。

3.3.3 课外实验示例

ABO 血型鉴定

1. 实验指导

为加深和巩固学生在输血与血型方面的知识，了解 ABO 血型鉴定的原理，掌握输血的原理，当学过“血液”一节后，可组织学生开展“ABO 血型鉴定”课外实验。在实验过程中，常会因学生怕取血、取血方法不当和实验操作不严格而影响实验效果，这就要求教师进行较为详细的讲解和示范，以保证实验的成功。

2. 实验原理

人的红细胞含有不同的凝集原，凝集原有 A、B 两种。若红细胞里含有凝集原 A，血型为 A；若红细胞里含凝集原 B，血型则为 B；若红细胞同时含有 A、B 两种凝集原，血型就是 AB；若红细胞不含凝集原，血型就是 O。在人的血清中则含有抗 A、抗 B 两种凝集素。A 型血的人，血清中含抗 B 凝集素；B 型血的人，血清中含抗 A 凝集素；O 型血的人，血清中同时含抗 A 凝集素和抗 B 凝集素；AB 型血的人，血清中不含凝集素。如果凝集原 A 遇到抗 A 凝集素，或凝集原 B 遇到抗 B 凝集素时，红细胞就会发生凝集现象。

3. 材料用具

A 型和 B 型标准血清，90%生理盐水，70%酒精棉球，碘酒棉球，显微镜，载玻片，采血针等。

4. 方法步骤

① 取一干净的载玻片，在两端分别标上 A 和 B，再取两个牙签，分别标上 A 和 B。用一个小滴管吸取标准血清 A，放在载玻片的 A 端，再用另一个小滴管吸取标准血清 B，放在载玻片的 B 端。

② 用 70%酒精棉球对采血针和小指指肚（或耳垂）进行擦拭消毒后，用采血针刺破皮肤，血液从伤口流出，用一个干净的小滴管吸取一滴鲜血，放到一个干净的小试管中，加入 0.5～1ml 0.9%生理盐水进行稀释。然后用一个消毒的干净玻璃棒从小试管中蘸取已稀释的血液，在 A、B 标准血清中各加一滴，并用牙签充分搅匀。用碘酒棉球压住取血的伤口，进行止血。

③ 15min 后，把载玻片放在低倍镜下检查，半小时左右可做出最后判断。不同的人血液凝集反应的速度不同，有经验的化验员不需要镜检就可以正确地做出血型判断，但是，初学的中学生必须借助镜检才能正确地鉴定。

④ 在显微镜下观察时，若只在 B 血清内发生红细胞的凝集反应，则被检查者为 A 型血；若只在 A 血清内发生红细胞的凝集反应，则被检查者为 B 型血；如果 A、B 两种血清都发生了凝集反应，被检查者为 AB 型血；如果两种血清都不发生凝集反应，被检查者为 O 型血。

⑤ 分析讨论：在实验中，发生凝集反应后，红细胞聚集在一起，形成大小不等的块状，而未发生凝集反应的红细胞则分布均匀。输血时，如果受血者和献血者的血型不合，输血后红细胞会凝集成团，阻碍血液循环，给受血者带来严重后果，甚至死亡。因此，输血时应以输同型血为原则。异型之间输血，只有在紧急情况下，不得已才采用。在通常情况下，由于考虑到人类的血型系统种类较多，为了慎重起见，即使在 ABO 血型相同的人之间进行输血，也应该先进行交叉配血实验，即不仅把献血者的红细胞与受血者的血清进行血型配合试验，还要把受血者的红细胞与献血者的血清进行血型配合试验，两者都没有凝集反应，才是配血相合，才能进行输血。

实验中应特别注意的是，使用的两个牙签、两个小滴管切忌混用；取血时要待取血部位和采血针上的酒精挥发完以后再取血；用采血针刺破皮肤后，要让血液自然流出，不能挤压。

3.4 研究性课题

生物研究性课题是指在生物指导教师的促进下，学生针对某一具体生物学问题，在课外独立开展的初步的探究性活动。这类活动包括：社会调查、科学实验、文献研究、专题报告、宣传展览等。它以培养学生创新精神和实践能力为目标，以问题为载体，围绕问题的提出、分析、解决来发展学生解决问题的能力。

生物课堂教学是短期内向学生传授大量生物学间接经验的最简捷高效的方法，但在培养学生全面的素质，特别是在情感的养成和创造力的培养等方面显得力不从心。因此开展生物研究性课题以弥补生物课堂教学的不足，是适应新世纪素质教育的需要。

3.4.1　研究性课题的选题来源

课题的选择是开展好研究性学习的前提和关键，它是研究性学习的第一步，是整个研究性学习活动过程的出发点和归宿。

1. 生物学科学习碰到的问题

在学习过程中，学生往往会碰到一些问题，如果加以引导，这些问题是可以转化为课题的。例如，在“生态系统的结构”教学中，教师带着学生解读生产者是生态系统的主要成分，分解者是生态系统的重要成分后，学生会产生疑惑：“那么消费者是不是可有可无呢？”教材没有明确指出，教师可以引导学生思考并查阅相关资料。于是确立了“动物在生态系统中的地位和作用”的课题让学生研究。

2. 自然环境的热点问题

自然环境的热点问题贴近学生的生活，如“入侵物种水葫芦泛滥成灾”“生活污水随便排放”等。通过提炼，把这些热点问题转化为研究性课题，可以让学生走向社会，投入自然，还可以培养学生的社会责任感和使命感。例如，在有的地方外来入侵物种水葫芦生长繁殖很快，严重影响其他生物的生长，就可确立“某地区外来入侵物种水葫芦生存状况的调查”。

3. 日常生活遇到的问题

研究性学习是从自然、社会和生活中选择和确定专题来进行研究的。因此，学生对于自身生活和社会生活所关注的问题可以作为课题来研究。例如，在广大的农村对于稻草等秸秆的利用方式还是采用焚烧，在农忙期间，焚烧稻草所放出的烟雾，笼罩大地，令人窒息，危害着人的健康，而且造成可见度低，严重影响了正常的交通秩序。在这样的背景下，可以确立了“农村稻草利用状况的调查与对策的研究”的课题。

4. 高科技中的生物学问题

20 世纪 70 年代以来，生物科学发展日新月异，生物工程产业应运而生，生物高科技将造福人类，如转基因、克隆技术、人类基因组计划等。有关这方面的课题资源比较多，问题所涉及的知识都比较前沿。学生现有的知识水平还不足以对这些课题开展深入的研究。因此，对于这些可以的研究应侧重于调查以及资料的搜集。例如，“搜集有关干细胞研究进展和应用的资料”这个课题的选择就是以课本的基础知识和基本理论为依托，通过各种途径搜集有关干细胞研究新进展的相关资料数据。

3.4.2 研究性课题的组织原则

1. 主动性原则

学生喜欢他们所做的事情时，学习就有更高的效率。因此课外研究性课题必须是学生感兴趣的、主动提出的。即使在整个活动中有教师有目的地提供选题素材，有教师有目的的方法指导，有教师提供各种帮助资料等，但这些因素应被教师加以巧妙修辞，以“润物细无声”的方式进行。使学生在本身内在驱动力的作用下开展活动，进行探究，满足学生内在学习的需要，体会探索的艰辛与快乐。

2. 独立性原则

确定选题、选定计划、组织研究、利用资源、安排时间、决策和自我评价等过程应由学生独立完成，这对学生自学能力、创造力、执着的精神、主人翁意识的培养是至关重要的。教师以促进者的身份为学生提供帮助是必要的，但“越组代庖”需坚决反对，这只能导致学生依赖性的增强。

3. 程序化原则

要求学生严格按照设计好的操作程序和时间安排开展专题研究活动。不可遇难而退、敷衍了事、有始无终，应做到有的放矢，有条不紊，并对产生的后果勇于负责。从而培养学生的纪律性、责任感和坚强的意志力。

4. 灵活性原则

活动是利用课外时间开展的，活动的时间、场所可由学生自己确定，活动小组也可由学生根据兴趣自由结合而成。同时，也需学生根据活动中出现的新情况灵活地调整活动方案以保证活动目标的顺利实现。

5. 促进性原则

由于学生从事的不再是通常的课本学习，而是和科学家、社会学家一样的研究设计活动，因此教师在方法上的指导、技术上的辅助必不可少。向学生提供各种学习的资源，提供一种促进学习的气氛，使学生知道如何学习，这是作为促进者的教师的首要任务。

6. 交流性原则

在整个专题研究活动中，教师与学生、学生与学生之间应保持充分的交流。教师甚至可以特邀顾问的身份参与活动。教师通过与学生的交流，发现他们的兴趣，掌握活动的开展情况，提供及时的帮助。学生在与教师的交流中，感受教师的期望，获得所需的信息、资料和指导。学生与学生的交流可促进学生之间的相互理解，从而很好地分工合作共同完成专题活动任务。

研究性课题活动强调活动中学生的主动性、独立性及学生的情感体验，强调指导教师促进者的作用。研究性课题有助于使学生在实践探索活动中亲身品尝科学家研究的艰辛与欢乐，形成一种“科学是永无止境”的科学态度和探索精神，掌握进行生物学研究的科学方法，同时有助于创造性、责任感、自我概念、独立性、坚强的意志、执着的精神、合作精神以及未来职业能力等方面教育目标的实现。

3.4.3　研究性课题组织程序及对策

生物研究性课题的组织程序如图 3-1 所示。

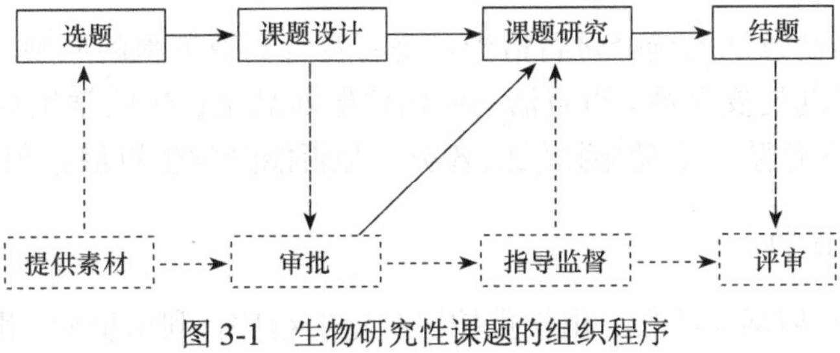

图 3-1　生物研究性课题的组织程序

1. 选题

由学生根据兴趣独立选题。一是学生日常生活中遇到的生物学问题。二是教师提供题目。由于长期传统教育形成了大部分学生的依赖性，学生自己发现问题可能有困难。教师可利用各种时机有目的地向学生提供丰富的可供研究的课题。例如，教师可以鼓励喜欢小动物的学生调查我国野生动物保护情况，进而开展一次保护野生动物宣传活动。再如，当讲到初中控制人口的意义或高中种群部分内容时，教师可以鼓励感兴趣的学生调查分析本地的人口状况、发展趋势并提出合理的建议。

2. 课题设计

课题设计主要包括以下几部分。

① 活动小组的组成。一人或多人（最好不超过 10 个人）。

② 活动的目的意义。需要学生论证此次活动的价值和所要达到的目的。

③ 活动预算。需要学生列出：活动所需的材料及这些材料如何获得；活动的场所；活动要接触哪些人及如何与他们联系；活动所需资金及如何获得。

④ 活动的方法。选择开展活动的方法策略。

⑤ 活动的步骤。需要学生规划出整个活动的详细操作程序、人员配置及时间安排。

⑥ 活动的预计结果。需要学生预先提出假设或设想出活动可能遇到的问题及其解决办法，以及活动的最终结果。

本部分也可以由教师提供表格，由学生按要求填写。

3. 审报、审批、立项

学生向教师提交专题设计方案，教师审批，最终确定是否开展。审批的过程最好由教师和学生组成审批小组共同完成。审批的主要内容有以下几点。

① 课题活动的目的是否明确及活动价值的大小。

② 课题活动的可行性。审查开展这项活动的人、财、物、环境等各方面条件是否具备。

③ 课题活动方法的选择是否恰当。是否符合高效节俭的原则。

④ 课题活动的安全性。审查活动所需仪器药品是否影响学生身体健康、活动地点是否有潜在危险、活动中接触的各类人是否能给学生以健康积极的引导等。

4. 实践活动

学生独立开展活动阶段。由学生按照制定的程序，利用资源，准备材料用具，组织调查实验及其他活动，观察、记录、整理活动中的现象、数据，对活动中出现的问题及时决策，学生在活动中不断进行自我评价，不断调整自己的行为方式。在此过程中应该保持教师和学生联系的经常性，以便教师能准确把握活动的进程，及时地为学生提供帮助。

5. 结题

分析材料、现象及活动中出现的问题，整理统计各项数据，得出最终结论，总结活动的经验教训，并提出独到的见解或建设性的改革建议，撰写成小论文或实验报告，提交指导教师评审。

6. 评审

指导教师组织评审小组，根据学生的整个课题活动开展的情况及学生提交的论文或实验报告进行审查评定，建立生物专题活动档案，并根据其质量寻找用户销路。为学生的劳动成果寻找用户销路，把学生的专题活动成果推广出去（这一点很容易被忽视），如投到相关的刊物发表、递交给相关的部门作为他们拟定政策的参考、参加各种小科技论文评选、组织展览等，这应该是对学生的最大鼓励。

3.4.4 研究性课题示例

环境污染对生物的不利影响

1. 目的要求

① 通过调查，了解环境污染对生物的不利影响。

② 初步学会调查环境污染对生物影响的基本方法。

2. 提示

① 可以根据当地的实际情况，在下列项目中选做一项或两项，并且利用课余时间参加当地治理环境污染的实践活动。

a. 走访当地的环境保护部门，了解当地的污染源、主要污染物以及环境污染对生物的不利影响。

b. 调查当地的工厂、商店或餐馆，了解这些单位产生的废气、废水和固体废弃物等，对周围生物产生了哪些不利影响。

c. 调查农田、果园或温室中施用农药和化肥的种类和数量，以及是否对农作物产生了不利的影响。

d. 观察当地的湖泊、池塘或河流的污染状况，以及是否对生物产生了不利的影响。

② 调查完成后，应及时统计和分析调查结果，并写出调查报告（指出当地的污染源和主要的污染物、环境污染的程度，以及应当采取的防治措施）。

③ 由部分同学对各组的调查报告进行分析、归纳，在此基础上向当地的环境保护部门提交一份该地区进一步防治环境污染的书面建议。

3. 讨论

① 根据调查结果，就当地环境污染对生物的不利影响做出评价。

② 你认为当地应当怎样开展环境污染治理？

③ 你是如何参加当地治理环境污染的实践活动的？

④ 怎样才能使调查环境污染的方法更加简易、准确？

3.5　探究性实验与验证性实验

3.5.1　概念及区别

验证性实验是学生按教科书要求，通过实验验证已知的结论，如“观察植物细胞的有丝分裂”“观察被子植物的花粉管”等。

探究性实验是由教师或学生提出问题，教师指导、启发学生独立探究，得出结论；或学生自己设计实验，得出结论，如“光对鼠妇生活的影响”“植物向性运动的实验设计和观察”等。

在传统的生物学教学中，以验证性实验为主，教师讲得多，学生动手少，甚至是教师课上讲实验，学生课下背实验，这既不利于学生的动手操作能力和创新能力培养，也不利于学生情感态度与价值观的养成。教师应了解生物学验证性实验与探究性实验的特点及区别，倡导开展探究性实验。生物学验证性实验与探究性实验的不同，具体体现在下列方面。

1. 理念不同

验证性实验强调演示和证明科学内容，强调如何快捷经济地获得知识，强调实验操作和观察等个别技能的训练。

探究性实验强调学科学是一种探究过程，强调给学生提供一个通过探究来学习知识的亲自实践的途径，强调在探究过程中对知识的理解，培养科学探究能力。

2. 教学模式不同

验证性实验通常采用“告诉—验证—应用”模式，学生通过实验验证已学过的知识，这种“照方抓药”模式是高度固化和单一化的一种实验教学模式。

探究性实验常采用以下两种模式：①引导探究模式，由教师提出问题，学生提出假说，引导学生提出实验程序，预测可能的结果；学生进行实验，得出结论，并检验结论和讨论、交流。②开放探究模式，由教师或学生提出问题，学生设计实验程序并实施实验方案，得出结论，并将其应用于新的情境加以检验。此种模式，学生的主体活动程度强。

3. 实验过程的不同

（1）材料和器具　　验证性实验的材料和器具都是教科书规定的；而探究性实验常常提供多种实验材料供学生选择，可根据学生的设想增减、重组和改进实验器具。

（2）实验方法　　验证性实验严格按操作规程进行；探究性实验的方法是多变的，让学生在遵循基本实验操作程序的基础上，做最佳实验方法的探究。

（3）实验结果　　验证性实验是验证已知的结论；探究性实验是探究未知——找出最佳实验方案，发现新的实验材料、方法和结论。

（4）检验和讨论　　验证性实验通常不进行检验和讨论；探究性实验要进行检验和实验后的讨论、交流，发现问题，提出进一步实验的改进建议。

4. 实验时空和资源的不同

（1）时间　　验证性实验是在学习完相关知识后进行，教学时间从几分钟到一节课，相对较短；探究性实验是在学习相关知识的同时或未学之前进行，教学时间从一节课到几节课，甚至几天，一般较长。

（2）空间　　验证性实验的场所一般只限于实验室和教室；探究性实验的场所不仅在实验室、教室，而且还延伸到校外。

（3）内容　　验证性实验的内容来源于教科书；探究性实验的内容来源于教科书、社会、生活实际等。

5. 教师角色的不同

验证性实验中的教师是主宰者、传授者、评论者；探究性实验中的教师具有多种角色，是学生实验的组织者、指导者、合作者和服务者。

3.5.2　探究性实验在生物学教学中的重要意义

探究性实验的特点是在学生对研究对象尚不了解的情况下，凭实验去探究，并最终得出正确的结论。由于探究性实验的实验内容是学生未学过的新知识，可更深刻地理解新知识，并有利于学生思维能力、实验能力的培养，特别是对培养学生自己设计实验能力有积极作用。

1. 激发、培养学生探究的兴趣

充分利用生物学实验的趣味性激起学生的兴趣，并进一步利用实验的内在魅力培养学生，使学生产生进行探究的兴趣，培养学生探究科学奥秘的志趣。

2. 养成用科学方法认识自然事物的习惯

学生亲身参加观察、实验和制作，能获得更清晰、印象更深刻的感性认识和个体体验。通过观察实验现象，分析实验结果，归纳、概括实验结论这样一个完整的认识过程，学生经历了一个从感性认识到理性认识的飞跃过程。使学生在探

究自然知识的同时，受到了如何认识事物的熏陶，提高了认识自然事物的能力。

3. 培养学生勤于动手的习惯

学生参加实验，动手操作，既学习新知识，又练习各种仪器的使用方法和操作要领以及实验的方法。学生是否参加实验，其结果大不相同。

4. 培养学生的创新精神

传统教学中，教师唯恐学生弄不明白，而把一切内容都嚼烂了喂给学生，极大地限制了学生创新能力的发挥。探究性实验中应该尽力创造条件让学生自己设计、自己操作，是学生发挥个体创造潜能的好机会。教师应该抓住这个机会，有意识地激发学生的创新意识，指导学生创造性思维的方式方法，培养学生的创新精神。

3.5.3 探究性实验中教师的角色

1. 实验助手

传统的实验教学通常先将结论告诉学生，而后再把具体的实验验证方案和步骤详细列出来，让学生依照方案按部就班地进行。这种方式节省时间，而且实验成功率高，在传授知识方面具有显著的优点。但是在这种学习活动中，学生始终只是实验的执行者，蕴藏在他们头脑的创造性得不到释放，他们也体会不到实验带来的乐趣，更感受不到获取知识的快乐。而探究性实验的内容、结果，教师是已知的，学生却是未知的。学生须在实验过程中，通过主动的探索活动对实验的知识加以掌握，并在教师的帮助下进行系统化，同时将感性知识转化为理性知识。这对于落实培养学生的创新能力、交流、合作、表达意识等方面有独到的效果。因此在实验教学过程中，教师应该充当学生的助手，不要用自己的思路去代替学生的思路。那样会抹杀许多处于萌芽状态的创造性。教师应发挥辅导作用，让学生成为探究活动的主人，给学生营造一个平等、和谐的气氛。

2. 实验促进者

在以往的实验教学中，教师是教学活动的绝对主导，学生的一举一动都被教师牵着走，课堂气氛沉闷，学生活动受教师和教材所规定的内容、步骤所限制，失去应有的活力。目前教学改革中，倡导探究性学习，其目的就在于改变这种现状，给学生动手、动脑的无限空间，使学生的潜能得以发挥。通过具体的教学实践，结合相关教学理论，教师应转换角度，以实验目的、目标对实验过程进行主流导向，对于具体的实验思路和步骤，应完全放手交给学生去操作，这样有利于学生探究能力的提高。例如，在“探究鼠妇选择生活环境的行为”实验中，以下面两个问题进行导向：如何证明光线会影响鼠妇的行为？如何保证实验的结果只是由于光线的不同引起的？在“探索淀粉酶对淀粉和蔗糖水解的作用”实验中，以探索淀粉酶是否只能催化特定化学反应的问题为导向。

3. 实验监督者

学生是学习的主体，在探究性实验教学中更应充分体现学生的主体地位。探究性实验相对传统的实验，持续的时间较长，无论是部分探究还是完全探究，它的准备工作已不再限于实验室和由实验员单独完成。实验生物的采集、饲养，实验用具的收集和制作等，都要求教师和学生共同参与，并且学生在这些过程中须承担主要任务。这虽然符合课堂内外相结合的教学原则。但却给教师提出新的问题：如何保证准备工作安全、有效地进行，而且不破坏环境。这也是探究性实验教学中教师所面临的主要问题。

教师在布置任务时，在强调安全、环保的前提下，应视情况将学生分成若干小组，以小组为单位，进行准备活动。例如，在“探究鼠妇选择生活环境行为”的实验前，由于采集鼠妇过程中可能要移动花草，有可能会对环境造成一定影响，应该强调环保意识。在实验操作过程中，应鼓励各实验小组在充分讨论的基础上，推出最佳实验思路和方案。并在实验过程中，加强巡视，对不规范的实验操作予以纠正，并向学生提出有关问题，以便在实验操作过程中能够意识到实验思路和目的，不至于盲目流于形式。

在这个实验中，不少学生为计数方便，在实验过程中，不断将玻璃板取下，这样严重干扰了鼠妇的活动，造成人为的实验误差；有的小组则在实验过程中不断地移动盒子，也影响了鼠妇的活动。此时，教师应结合研究动物行为的两种方法（实验法和观察法）向学生提问：这些操作是否符合观察法和实验法的要求？让学生自己意识到不规范的操作将会影响实验结果，使学生养成严谨的科学态度。探究能力的培养主要体现在实验过程中，教师不应为追求实验效果而出现包办、代做等现象。在实验过程中，应做好督导，及时地对学生的创造性给予表扬。

4. 实验协调者

在探究性实验教学过程中，教师应积极为提高学生的交流、表达、合作能力提供条件。可以从以下几个方面着手。

① 在实验开始前，教师向学生介绍有关的实验手段和记录方法，如对照实验、分组实验、图表等，使学生明白一定的实验方法和记录手段，以便学生规范地表述实验结果。

② 实验结束后，教师要组织各学生小组对实验结果进行分析、讨论，并鼓励学生运用已有的生物学知识对结果发表自己的看法。由于受到知识面及生物学素

养的限制，在分析实验结果时，学生不可避免地会发生一些偏差，造成实验结论有很大的出入。这时教师要因势利导，启发学生得出正确的结论。

③ 教师要给学生提供足够的时间进行交流。在交流过程中，一方面，教师应当好协调者，鼓励每个学生都能发表自己的意见，并教育学生在明确表达自己思想的基础上，容忍他人的不同意见；另一方面，教师要注重培养学生的合作意识，提高学生的合作能力。

教师教育理念的转变对于教育改革的成功具有重要意义。表现在探究性实验教学中，教师要注重培养学生的探究能力，培养学生的创新意识，让学生真正成为实验活动的主人。在教学过程中，教师应做好辅导者、促进者、督导者、协调者的角色。

3.5.4 探究性实验的基本过程

1. 提出问题

爱因斯坦曾经说过，发现一个问题比解决一个问题更重要。实验探究常常是从提出一个科学问题开始的。科学问题是指能够通过收集相关事实和数据而回答的问题。在中学生物学各个章节的课题中，包含着许多需要通过实验收集数据并予以解答的问题。

2. 做出假设

做出假设往往是科学探究的第二步，假设是根据现有的证据或者既往的经验，对问题做出的尝试性解释。假设是推论的一种，也有可能出错，必须通过实验进行检验。假设的陈述应该简而意明，通常采用“如果……，那么……”的句式。

3. 制订计划

制订计划是探究性实验活动的关键环节，包括选择实验材料、确定实验用具、配制药品试剂、制订实验方案、确定实验记载格式、预测实验结果、提出实验注意事项等。制定的实验方案应该写明详细的实验步骤，以及在实验中要进行哪些观察或测量。

4. 实施计划

执行计划是指完成实验操作的过程。实验中得到的观察和测量结果统称为数据，通过数据的收集、整理和解读，才能获得支持或否定假设的证据。可见，在实验过程中收集足够的实验数据是一个关键环节。观察获得的数据通常是指生物体形态、结构、行为和生理现象等，描述和绘图是收集这些数据的主要方法。测量获得的数据通常是度量衡数值，必须用相应的工具依照国际标准计量单位来测量，将测得的精确数据记录在事先准备的表格中。

5. 得出结论

分析数据是指在实验操作完成后，对收集的实验信息进行整理和解读的过程，通过对数据的分析找出研究对象的发展趋势或不同事物之间的联系，思考实验数据揭示的事实或规律，确定实验数据是否支持原先的假设，运用证据和逻辑分析对提出的问题做出答案或解释，从而得出最后的实验结论。由此可见，结论就是对实验研究发现的总结。

6. 交流评价

科学探究常常是一种协作性活动，彼此的交流与评价有助于相互启发和材料共享，自我的反思与修正有助于深入理解科学概念和认识科学活动的性质。交流就是与其他人交换看法、分享信息的过程。交流的内容主要包括：科学探究过程、科学实验方法、描述观察结果、展示测量数据、报告研究成果和结论。为了帮助他人理解所陈述的复杂过程或事物，需要利用图画、图表、计算机图像等建立一种模型。交流也是一个评价过程，评价内容涉及科学探究程序的方方面面，主要是肯定合理部分并对存在的不足质疑。反思是指能够倾听和尊重他人的质疑，承认不同的观点或解释，并且在吸纳中肯意见的基础上修正自己的观点或结论。

3.5.5　探究性实验的示例

植物向性运动的实验设计和观察

1. 实验原理

向性运动是植物受单向外界因素的刺激而引起的定向运动。它的运动方向随刺激的方向而定。在单侧光刺激下，植物表现出向光性运动。在地心引力（重力）的影响下，植物的根表现出向重力性运动。

2. 目的要求

① 初步学会设计植物向性运动实验的方法。

② 学会观察向性运动。

3. 材料用具

种在花盆中的植物幼苗（如玉米、小麦等），刚发并已长出幼根的蚕豆种子或玉米种子等，锡纸，滤纸，不透光的纸盒，培养皿，剪刀，台灯，胶布，橡皮泥，棉花，清水，琼脂。

4. 方法步骤

根据实验目的和原理，选择合适的材料用具，分别设计出向光性运动和向重力性运动实验的方法步骤，并写在《实验报告册》上。按自己设计的方法步骤进行实验，同时注意观察实验中出现的各种现象，并将观察到的现象写在《实验报告册》上。

5. 结论

分析实验结果，得出合理的结论，将结论填写在《实验报告册》上。

6. 讨论

① 相互比较设计方案，看哪一个设计方案更好一些？它的优点是什么？

② 你所设计的实验还有哪些不足？如何改进？

3.6 模拟实验与虚拟实验

在教学实践中，根据实验开展的情景，实验材料的性质，实验进行的条件，实验依据的仪器、设备等，可以把生物学实验分成真实实验（基于真实情景的实验）、模拟实验（基于模拟情景的实验）与虚拟实验（基于虚拟情景的实验）三大类。

3.6.1 模拟实验的概念

模拟实验教学方法是生物学教学中一种体现新课程改革理念的重要教学方法。

模拟实验是指“根据相似性原理通过模拟的方法制成研究对象的模型，用模型来代替被研究对象，模拟研究对象的实际情况来进行实验的研究活动”。有些实验由于受到一些特殊因素的制约，不能直接对研究对象进行真实实验，在这种情况下，可以通过模拟的方法制成研究对象的模型，然后模拟研究对象的实际情况，在模型上进行实验。从教育的本质上来说，模拟实验就是利用这些“模拟”的，或者说与研究对象具有某种“相似性”的实验材料，通过开展学生实验的手段，让学生来学习模型方法。其优点是花费少，简单，易于操作，容易使不能用感观了解的现象直观化。缺点是模拟实验准确度不是很高，容易发生主观原因导致的错误。

3.6.2 开展模拟实验的意义

由于模拟实验和模拟实验的过程与真实实验不同，表现在培养学生的能力方面，模拟实验有其独有的特点。模拟实验能把复杂的实际问题转化为理想的简单问题，使它保留并突出决定事物本质属性的主要因素，排除次要和偶然因素的干扰，达到应有的目的。开展模拟实验，无论是以验证还是探究为目标，都可以使学生充分体会科学研究的一般过程，学习科学探究的方法，提高科学探究能力。

模拟实验教学的实施有助于转变学生的学习方式，促进和丰富探究性学习，改变科学态度，提高学生科学素养。

教师和学生要根据相似性原理构建模型，并把模型置于与原型相似的实验条件下开展实验，这就要求学生不仅对原型要有全面的了解，还要有丰富的联想能力、形象思维能力和类比能力。因此，做好模拟实验，可以有效地培养学生的观察、分析、比较、综合、概括、抽象思维及推理等能力，化难为易，增强学生学习的兴趣爱好，提高教学效果。

现行的义务教育人教版教材有一个模拟实验 “鱼鳍在游泳中的作用”，两个模拟探究 “酸雨对生物的影响”和“模拟保护色的形成过程”，两个模拟制作“制作动物细胞的模型”和“制作肌肉牵动骨运动的模型”。高中生物教材中有许多给定的模拟实验，如性状分离比的模拟实验，减数分裂中染色体变化的模拟。除了模拟课本给定的模拟实验外，教师还可以开发潜在的模拟实验，从而增强生物课教学的直观性、趣味性。例如，在“细胞膜——系统的边界”这一节的教学中，可以组织学生模拟细胞膜的结构模型，让学生展开想象和联想，结合自己的生活经验，用不同的材料构建细胞膜模型。这样做不但能使学生的创新能力、思维能力、动手能力、合作能力、探究能力都得到培养，更重要的是加深了学生对细胞膜的流动镶嵌模型的认识和理解。

3.6.3　虚拟实验的概念

虚拟实验是相对于模拟实验、真实实验而言的。真实实验是指教师或学生根据实验原理，在一定时间内、按照预先设计好的实验步骤，亲手操作实验仪器或器具，利用真正的生物材料完成的生物学实验。现在大多数教材上的大部分实验都是真实实验。

虚拟实验是指利用多媒体技术、虚拟现实技术，学习者通过鼠标、键盘、显示器以及力矩球、数据手套、数据眼镜等输入输出设备操作虚拟环境中的实验仪器，模拟实验过程，观察实验现象，探索实验规律的实验。简单地说，虚拟实验是用多媒体的手段对真实实验进行再现或模拟，再由学生进行观看或参与操作的一种实验方式。因为虚拟实验是学生观看或操作现成的虚拟情境，因此，与真实实验和模拟实验不同，虚拟实验实际上是由开发者设计与决定的。

通常在个体水平和细胞水平，可以比较容易地利用真正的活体材料在真实情境下进行真实实验。但在宏观的生态系统层面，或微观的细胞器层面，往往无法使用活体材料进行真实实验，这时必须借助模型或网络环境，在模拟或虚拟的情况下进行模拟实验或虚拟实验。一项调查指出：学生最喜欢的学习方式排在前三位的是：实验（25.9%）、用电脑（21.2%）、读课外书（12.3%），虚拟实验很好地将用电脑和实验结合起来，可以大大提升学生的学习兴趣，从而也提高了实验教学的有效性。

然而，虚拟实验不能完全代替真实实验，虽说虚拟实验有很多优点，但学校以此就将实验室的重心转移到虚拟实验室上来是不可取的。

第一，因为实验是一个动手操作的过程，需要学生有一定的实验技术和动手操作能力，在此基础上结合所学的理论知识，这样知识才能融会贯通。真实实验对学生动手能力的培养是不可缺少的。

第二，做实验的过程可以说是一次探索发现，过程中可能出现意想不到的结果，事故也好，惊喜也罢，学生都能从中获取经验，并且学会分析和解决问题，这是一种能力的培养。

第三，真实实验中干扰因素较多，实验容易出现误差，有些因素在人为的情况下，可以减少或避免。而虚拟实验，不会受这些因素影响，学生感受不到，学不到这方面的知识，不利于培养学生严谨的科学态度。

虚拟实验和真实实验都是实验中的重要组成部分，这就要求在教学中处理好两者的关系。

3.6.4　虚拟实验在实验教学中的运用

《义务教育生物学课程标准（2011 年版）》在实施建议中关于“实验设计应该多样化”中指出“有条件的学校还可以适当引入多媒体技术进行虚拟实验。”但义务教育阶段的物理、化学课程标准中都没有提到“虚拟实验”一词，只有生物学科有，这说明生物学实验有其特殊性。

虚拟实验用于教学主要有以下几个方面。

第一，用于真实实验前的指导。在实验前，对实验的原理、过程、现象做一些介绍，以便于对教学内容的理解，便于真实实验的开展。在真实实验操作前，可以结合虚拟实验讲解真实实验的实验过程，以更好地帮助学生理解真实实验的具体过程和操作步骤。

第二，用于讲解教学内容。在课堂上讲解内容时，为了说明一些现象，需要用虚拟实验来展示，进而有助于讲解教学内容。这些教学内容可以是通过真实实验来演示的，也可能是一些宏观的、微观的、危险的、无法通过真实实验来演示的，这时，通过虚拟实验来讲解实验现象十分可行。

第三，用于课下复习。在复习过程中，学生还会遇到很多的问题。其中就有很多关系到实验的，这时候再去实验室做实验已不大可能，利用虚拟实验便于学生自主学习。

虽然虚拟实验技术还处在发展、起步阶段，但在实验教学过程中已经发挥了巨大的作用。它不仅弥补了实验设备的不足，而且极大提高了学生对知识的需求和探索的积极性，提高了实验教学效果。同时，通过虚拟实验技术把抽象的、难以直接用一般自然手段表现的形象直观地表现出来，有助于加快认识客观世界的规律，提高实验教学的先进性。

3.6.5　虚拟实验的资源建设

因为虚拟实验的多媒体技术要求的特殊性，使得虚拟实验与模拟实验、真实实验不同，虚拟实验平台的开发、虚拟实验课件的制作往往只能靠生物教师和专业技术人员，而且常常是生物教师撰写文字脚本，专业技术人员进行开发、制作，学生只是使用者，所以，初中生物虚拟实验的资源建设非常重要，生物教师在其中的作用也举足轻重。

生物教师在设计虚拟实验课件方面可以大有作为，因为只有一线教师对教学实际、学生需要最了解，具备第一手材料，也具备专业知识，不会导致科学性错误出现。在设计虚拟实验课件时，需要将虚拟实验和其他的实验类型综合考虑，以便在设计时有所侧重。

思　考　题

1. 演示实验应注意什么问题？
2. 怎样指导学生实验和课外实验？
3. 简述探究实验的作用及过程。
4. 简述虚拟实验的概念，并分析教师该如何进行虚拟实验的教学。

第 4 章　生物学实验教学过程

内容提要：①实验教学过程的主要环节；②实验教学过程中的因素；③实验教学过程的优化策略。了解实验教学过程的主要环节，理解实验教学过程的因素，掌握实验教学过程的优化策略。

4.1　实验教学过程的主要环节

以学生实验为主的课堂教学称为实验课。学生实验的教学过程，也即实验课的教学过程。实验课的教学过程大致包括以下环节。

4.1.1　组织教学

搞好组织教学对于实验课尤显重要，由于在实验过程中学生要动手，要操作，要交换意见，有时要离开座位，因此秩序容易混乱。对实验课的纪律要求应有别于在教室里上课，教师应做到既严格要求，又不要管得过严过死。只要教师管理得当，实验准备充分，实验安排合理，实验指导认真，对学生的实验效果和纪律表现有必要的检查和督促，实验课的纪律是可以保证的。

4.1.2　复习检查

实验课的复习检查有助于实验的顺利进行。应复习当次实验所必需的有关知识；应检查学生的实验预习情况。为了给学生留更多的动手实验时间，不要提问与当次实验无关或关系不大的问题。

4.1.3　指导性谈话

教师指导性谈话的主要任务是：①使学生明确实验的目的、内容、要求和注意事项；②通过讲解和演示，使学生了解实验的材料用具，熟悉实验的方法步骤；③向学生讲清实验成败的关键，并预测可能出现的错误。教师指导性谈话是实验课的重要一环。

4.1.4　学生实验

学生实验是实验课的中心环节。从其所占时间来看，是实验课中时间最长的一个环节，教师要争取安排足够的时间让学生操作和观察。从其重要性来看，实验课的最终目的，是要学生掌握知识，训练技能，培养能力，只有通过学生亲自动手完成实验操作和观察，才能达到以上目的。当学生实验时，教师的主要任务是进行督促检查和个别指导。发现带有普遍性的问题，还要及时向全班指出。

4.1.5　检查实验效果

检查实验效果也是不应忽视的一环。检查的方法主要有巡视观察、巩固提问和检查书面作业等。检查的重点应放在对学生操作能力和实验的实际效果的检查上。检查学生是否掌握了应该掌握的实验技能，是否得到了应有的实验效果，是否认真做了实验记录、填写了实验报告或按要求绘制生物图等。

4.1.6　整理用具，进行总结

实验课结束前，要组织学生认真清洗、整理、查点实验器具，使学生养成良好的实验习惯。同时教师还要对当次实验进行全面总结。

4.1.7　布置实验作业

一般是要求学生课后完成《实验指导》和填写实验报告，内容主要有填空、填图、绘图、记录和分析解释实验结果等。

4.2　实验教学过程中的因素

4.2.1　生物学实验教学中的教师

1. 教师的角色

1）学习的指导者

未来教育需要的不再是以教师为中心进行的知识灌输，而是以学生为中心，围绕学生的需要，以帮助学生学习不断进步为目的，发现问题、解决问题。所以生物学教师在实验教学前应设计好学生实验提纲，提供必要的实验资料，在实验教学中力求创设一种探索的情境，不断提供信息，点拨方法，帮助学生解决学习中的疑难之处，始终起着指导作用。正如《学会生存》一书中阐述的："教师的职责现在已不再是单纯的传授知识，而越来越多地是激励思考，除了他们的正式职能外，他将越来越成为一位顾问，一位交换思想者，一位帮助发现矛盾论点，而不是拿出现成真理的人。"

2）实验的合作者

实验教学中应突出学生的主体地位，但并不意味着教师冷眼旁观。教师必须记住自己的地位和学生的地位是平等的，利用“移情”，把自己放在和学生同样的心理与知识水平上，表现出强烈的好奇心和求知欲，参与学生实验当中，一起动手，一起讨论，只有在这种情境下，学生才会真正放得开，感受到教师就是自己的知心朋友，而教师可以借此以严谨的科学态度，务实的科学精神来进行暗示性教育熏陶，使每次实验都成为师生一次心与心的交流。

3）探究情境的创设者

生物学实验教学要求较强的师生互动性，它要求学生在实验中要思维活泼、态度认真、精力集中。实验教学中，要为学生营造心理安全、心理自由的氛围，使学生能结合实验进行想象，这样做有利于挖掘学生的创造潜能。因此，需创设一种探究情境，让学生全身心地投入实验中。在教学中，教师正是探究情境的创设者，教师在实验教学中要善于提问、善于质疑、善于抓住学生所关心的实验重点、难点、疑点，以便创设一种探究气氛，让学生完全沉浸在实验学习中。

4）“心理医生”

学生在实验中难免要遇到挫折和失败，这里的“心理医生”角色就是指教师在实验教学活动中对学生进行健康心理素质的指导与训练。在实验中，教会学生如何正确地面对失败，培养学生正视失败、克服困难的精神，也正是生物学实验教学重要的德育任务之一。当学生实验失败时，教师不要急于批评学生，而是耐心地分析失败原因，并利用失败对学生进行心理方面的指导，使学生明白失败是成功之母，面对失败应不急不躁，冷静思考，寻找解决办法。

2. 教师的实验教学素质

搞好中学生物学实验教学，培养学生能力，关键在教师。教师在教育观念上重视生物学实验课，重视学生能力的培养，是提高生物学实验教学质量的首要条件，其次才是教育经验、教育技术、教育方法的问题。

在当前的生物教学中，在生物学实验教学一线的教师仍然是课堂教学的教师，几乎没有一所学校有专职的实验教师，虽然有部分学校有专职的实验员，但也只是帮助准备实验材料和用具。教师既担任课堂教学又担任实验教学的情况，既有优点也有不足之处。优点是，教师可以把握教学进度，统一安排生物学教学的进程，有利于学生对系统知识的掌握和理解；不足之处是，由于实验教学的难度和目前的教育现状（片面追求高考的分数），不能保证实验的质量。由一线教师既担任课堂教学又担任实验教学的情况，在一定时期内难以改变。因此，应进一步提高教师的实验素养。

1）转变观念

现在有许多教师根本不重视生物学实验教学，不重视学生能力的培养，重视的是高考的分数。在调查中有的教师直接回复说：实事求是地说，做实验既浪费时间，又浪费精力，效率还不一定比讲实验高，因此，我们大都采用“讲实验”的方法。对此，笔者认为要搞好生物学实验教学，教师思想观念的转变尤为重要。教师应从以下两个方面转变观念。

（1）学习课改理念，提高对实验教学的认识　在认识方面，教师要从思想上真正认识到实验教学的重要性，切实将实验教学放在重要的位置上。实验教学是生物学教学的重要组成部分，绝不仅仅是一种生物学教学的辅助手段。生物学教师应积极探索适合不同教学内容的实验教学模式，尽可能鼓励学生参与实验准备阶段，即使在生物学课堂教学中也可以让学生参与演示实验，以培养学生的实验兴趣。目前教育改革正在进一步深入开展，新课程改革对实验教学的认识将会提到一个新的高度上来。因此，生物学教师应不断加强课改的理论学习，不断提高对实验教学的认识。使教师开展实验教学的动力，由外在的逐步转为内在、自发的动力。

在实际工作中，要通过出色的工作，争取学校对实验课的重视和支持。在每学期或每学年初，备课组和实验员要根据教材要求、学校条件和当地实际，研究制定好切实可行的《生物学实验教学计划表》，并将每个实验所需的材料和负责老师等项目一一列入表内，然后复制几份，教给教务处和总务处等有关部门。促使相关部门的领导协助生物学教师及时准备好实验教学所需的材料。教师应按计划上好、上足实验课，认真对待每一堂实验课，扎扎实实完成大纲规定的实验、实习、调查、观察项目，不能让实验课随意被挤占挪用。

（2）尊重学生，充分体现学生在实验课中的主体性　教师应尊重学生，把学生当做教育的主体，而不仅仅是知识的接受者。教师的作用是如何帮助、引导每一位学生发展，与学生一起学习，而不是以榜样自居，更不是学生的救世主。只有教师在思想上把自己与学生放在平等的位置上，教师才能够具体了解学生的实际情况，体谅他们的难处，而不是限制他们的发展。只有教师充分尊重学生，学生才有独立性、自主性，才能树立自信心。此外，教师要平等地对待每个学生，尤其不能以考试成绩的优劣来判断和评价学生创新能力的强弱。例如，在生物学实验教学中，教师最好不要用“你应该”“按照……必须……”一类的话语，而应尊重学生，常用“你认为……”“如果让你……你会……”“是否可以……”一类的语句，学生回答后，教师再进行进一步的讲述。

2）注重学习，提高素质

（1）拓展生物学知识　21世纪是一个“知识继续爆炸”的时代，它要求大幅度地提高教学质量与教学效率。作为新世纪的生物学教师必须具备以下几方面的知识：首先要具备生物学基础知识，这是帮助学生对生物学知识进行意义建构的前提条件，只有具备深厚的生物学基础知识，才能使本系统的知识结构化，才能充分考虑知识点之间的联系，为学生的学习创设相应的情境。其次是生物学边缘学科的知识。这是作为生物学教师解决生物学问题必须具备的工具性知识，它可以帮助理解生物学概念，处理生物学数据，解释生物学现象等。最后还要掌握生物科学发展最前沿的知识。这是生物学教师拓展知识面，丰富实验课堂教学的必要补充性知识。

（2）加强实验能力的培养　在实验操作过程中，学生会自觉不自觉地将教师的操作当成典型来模仿，因此教师在实验中的一举一动都成为学生的榜样。为此，教师应提高自身的实验能力，除了教材中的实验外，教师还应多做一些比较典型的、与自己科研有关的实验或参加各种培训班，以提高自己的实验能力。现在许多科目如化学、物理学等都不定期地选送教师参加实验技能的学习和再培训，生物学教师也应积极提出类似的要求，以进一步提高自己的实验能力。

（3）潜心钻研先进的教育理论，改进实验教学方法　随着素质教育的进一步深入开展，学生在实验教学中的主体性地位也逐渐得到重视，传统的“讲授教学法”已不再适用于当今的生物学实验教学。在这样的教育大潮下，需要生物学教师学习先进的教育教学理论以指导自己的教学实践，如认知学习理论的一个重要分支——建构主义理论已逐渐开始流行。在生物学教学过程中，教师只有根据学生发展的实际需要，运用教育学、心理学等方面的知识，研究行之有效的实验教学方法，才能真正有效地提高实验教学的质量。目前，生物学实验教学方法的研究已逐步受到人们的重视，有多篇论文阐述不同的生物学实验教学方法，如“生物学实验探究教学法的研究与实践”“‘菜单式’实验教学的探索”“生物学实验课‘两段六步’教学模式”“生物学程序探究式实验教学模式初探”等。生物学教师可以订购、阅读一些生物学或实验教学方面的杂志，并结合自己的实际情况，灵活运用到生物学实验教学中。

（4）提高组织能力　在科学、和谐的实验教学环境创设中，教师要走下讲台，与学生一起进行实验的设计、操作与分析，在这一过程中，教师既要积极参与实验，又要巧妙地组织管理好学生，防止混乱的发生。因此，组织教学是实验教学的难点，这就要求教师自身必须要有较强的组织能力。在实验教学中，生物学教师应发挥主导作用，把握全局，善于解决各种实际问题；在教学的各个环节因势利导，组织学生完成各阶段任务，把学生的精神引导到实验学习思维活动上来，不断提高自己的组织管理艺术修养。

（5）熟练掌握计算机技术　21 世纪计算机已渗透到社会的各个领域之中，而用多媒体辅助教学已作为实现教学手段现代化的重要课题，成为人们研究的热点。实验教学必须紧跟时代的步伐，熟练掌握现代化的多媒体辅助教学技术，将所获得的生物信息数字化，充分利用互联网上的信息资源，掌握实验微视频制作技术，将多媒体技术与网络技术有机结合起来，将枯燥的生物学知识趣味化，将抽象的生物学理论具体化；要能够利用现代化的多媒体网络教育技术，汇集生物学知识，提供生物学科学研究的前沿资料，创设生物学实验的协作情境；建立生物学实验教学平台，为学生提供交流观点、发表评论的公开论坛，培养学生对问题的观察能力和批判性思维能力。

4.2.2　生物学实验教学中的学生

1. 学生的角色

关于学生在实验教学中的角色，许多文章都探讨过。在以前的实验教学中，教师往往把学生看成是知识的接受者，只注重给学生传授知识，不重视学生在实验教学中的主体地位。而现在，许多学者认为，在实验教学中，学生才是真正的实验者，是实验的主体。对此，笔者认为在实验教学中学生应具有以下角色：问题的发现者、知识的建构者、实验的主要实施者。只有在实验中充分调动学生的积极性、主动性和创造性，才能搞好实验教学工作，才能真正提高实验教学质量。

对学生进行分析的目的，是为了了解学生进行生物学实验学习的自身能力、心理特征和风格。对生物学实验教学而言，它包括分析学生从事生物学实验已经具备的有关知识和操作技能，以及对生物学实验的认识和态度，同时也包括对学生一般特征的分析，即对进行生物学实验学习产生影响的心理特征，也就是学生的智力因素和非智力因素。人们对非智力因素在智慧行为中的作用认识由来已久，中国古代就有名言：“非不能也，是不为也”。意思是说，不是不会做，而是不肯做。现代研究则表明，一个人成就的取得，智力因素只占 25%，而优良性格等非智力因素占 75%。

在高中生物学实验中，智力因素往往决定一个高中生会不会做实验，非智力因素决定肯不肯做实验，而实验做得好不好，则是由智力因素和非智力因素共同决定的。高中生都是经过选拔入学的，一般来说，具有良好的智力因素，但他们习惯于应试教育的模式，从心理上不重视生物学实验。因此，学生在高中期间实验能力是否能够得到锻炼和提高，非智力因素起着非常重要的作用。在生物学实验教学中，教师应以学生的元认知结构为基础，进一步激发学生的实验兴趣，优化学生的实验心理。

2. 学生对生物学实验课的态度

生物学是一门实验学科，从中学生的年龄特点和实验本身的特点上讲，实验教学应比课堂教学更易使学生产生兴趣，乐于学习。调查发现，大多数学生十分愿意上生物学实验课，对实验的兴趣很高。调查显示，有 63.6%的学生认为实验课对他们的学习很有帮助，96.4%的学生认为实验教学对他们的成长非常重要。但是，在实际实验教学中，许多学生却都是抱着可有可无的随意心理来上实验课，有 60.9%的学生是怀着兴奋的心情来上实验课的，3.4%的学生由于各种原因对实验产生了排斥心理，从思想上就不愿意上实验课。使得多数学生对生物学实验课持有“有兴趣、没热情”或“想做又害怕做”的态度。

3. 学生实验心理的优化

心理学研究表明，当学生处于随意、恐惧、排斥等心理状态时，会对他们的学习产生阻碍作用，严重时还会使学生对所进行的活动产生厌烦、逃避等心理。而相反，如果当学生对学习有兴趣，学习处于注意、兴奋、积极的心理状态时，就会对他们的学习产生辅助作用，学习的质量就会提高。因此，把握学生的实验心理，分析学生对生物学实验的兴趣类型，培养学生积极的实验兴趣和健康的实验心理，对提高生物学实验效果，提高教学质量是十分必要的。鉴于此，笔者认为很有必要对学生的生物学实验心理环境进行研究和优化。

1）学生不正确的实验心理类型

（1）轻视心理　带有这种心理倾向的学生大多数是由于高中学习时间紧张，高考的压力大，使他们不愿将过多的时间花费在高考并不重视的生物学实验上。有的学生宁愿“背实验”也不愿亲自动手操作实验。在进行实验操作时，表现为粗心、急躁，不注重实验的细节。例如，在“叶绿体中色素的提取和分离”中，要求不能让滤纸上的滤液细线触到层析液，而这些学生由于轻视心理，不注意操作细节的学习，往往将滤液细线触到层析液，导致无法得到实验结果。

（2）猎奇心理　猎奇是中学生的共同心理。带有这种心理倾向的学生，一般表现为对新事物感兴趣，行动积极性高，但草率缺乏自信。由于猎奇心的驱使，有些学生进入实验室后，屁股未坐下就动这动那：实验材料乱拿、显微镜乱搬、镜头乱换，而应该做的却没有去做或做得不好，影响实验效果。在上述实验中，提取色素时，称取 5g 绿叶前没有用吸水纸吸去叶面的水珠或没有剪掉大的叶脉；加入丙酮时，没有及时研磨或研磨时间太长而得不到深绿色的滤液，使整个实验无法进行。

（3）紧张心理　产生这种心理的学生，一般表现为情绪紧张。实验操作过程中动作生硬，不协调，或者干脆不操作实验，仅是在一旁旁观。还有一部分学生却是因为性格沉静，不喜欢需要亲自动手操作的生物学实验，久而久之，对生物学实验产生了紧张心理。在生物学实验中有这种心理倾向的以女孩子较多。

（4）逆反心理　有这种心理倾向的学生，一般没有耐性，实验太长、太复杂都会引起他们的烦躁情绪。实验是学生心理过程的反映，是一种求知、成长活动。学生期待实验的成功，渴望知道实验结果，以体验成功的乐趣。实验结果出现得越快，学生对实验的兴趣就越浓，成就感就越强，也就越乐于做实验。相反，实验结果出现得越迟缓，学生在长时间实验过程中就会显得焦虑不安，情绪也就越不稳定，就越不愿意上实验课。多数生物学实验是简单易操作的，但也有些实验过程复杂，操作起来比较困难，特别是新版生物学教材中的几个实验，难度较大，过程也较复杂，不易得出结果，这就使得一些学生不愿上生物学实验课。还有的学生是因为不满意教师所制定好的实验过程及操作步骤，想独立设计又得不到教师的许可。在这种心理的支配下，学生在实验操作过程中，总是将实验做得“声势”较大以发泄自己的不满。

2）优化实验课中学生心理环境的原则

（1）尊重学生主体性的原则　优化实验教学中学生的心理环境，教师应首先从思想上尊重学生的主体地位，把学生看成是“有想法，有个性”的人。在生物学实验教学中，要以学生的“元认知能力”为基础，尊重学生的意见和建议，合理地启发和引导学生进行实验操作，并努力创设民主平等的实验学习氛围。

（2）平等对待每一个学生的原则　新课程改革的理念之一就是面向全体学生，中学生物学实验教学更要强调全员性。在生物学实验教学中，尤其不能以学生学习成绩的优劣来决定对待学生的态度，而是给每一个学生实验学习、实验操作的机会。在实验教学前，教师可以先组建实验小组，定期培训小组长，以点带面，最终使每一个同学的能力都得到锻炼。

（3）优势互补原则　在学生分组实验时，实验的目的不仅是培养每位学生的观察能力、思维能力，还要培养学生动手操作能力以及分析问题和解决问题的能力。因此，教师在安排学生实验时，要尽量使各组都有不同性格、不同心理、不同能力的学生，进行优化组合，男女合理搭配，以利于他们互相学习，取长补短，争取使每个同学都有亲自动手操作的机会。这样同组的学生通过相互交流、相互探讨，既节省时间，又达到分组实验的目的，还有助于升华同学间的友谊，提高学生的“交往”能力。但在利用这一原则时，教师应注意：不能将动手能力很强和很弱的学生分在一组，这样会使后者产生自卑心理。

（4）注重学生的创新原则　培养素质的过程，必然是主动获取、主动发展、探索求新的过程。在生物学实验教学中要鼓励学生大胆思考，敢于提出问题，敢于用自己的观点和方法分析、解决实验中所遇到的问题，培养学生敏锐的观察力和创新意识。

（5）发挥学生的特长原则　培养学生兴趣，优化学生心理，就要发挥学生特长。教师应注意在“无意间”表扬学生，使学生切实感觉到自己的优点和长处，从内心树立起自信，对实验充满信心，从而间接激发学生对生物学实验的积极性和对实验成功的自信心。

4. 优化学生实验心理的策略

（1）明确学习目的，克服随意心理　对由于高考不考生物学实验操作而轻视生物学实验的学生，教师首先应使学生从思想上转变学习观念。当今的教育是“素质”教育而不再是“应试”教育，一纸分数也不再会决定莘莘学子一生的命运。而生物学实验教学在培养学生各方面能力、发展学生智力、全面提高学生素质等方面起着重要作用。教师应使学生充分认识到这一点，以帮助他们进一步明确实验教学目的，克服以往对实验课可有可无的随意心理；其次，教师还应重视实验考核，因为考核作为一种外部刺激，会对学生的学习产生一定促进作用。

（2）重视心理辅导，消除恐惧心理　心理学研究表明，实验教学的一条重要原则就是消除学生对实验的恐惧心理。恐惧心理属于隐性障碍，是外部刺激作用于脑和植物神经系统产生的结果，一旦外部刺激弱化或消除，这种心理也将随之淡化、消失。因此，要消除学生对生物学实验的恐惧心理，教师首先要从自身找原因，在讲解或演示实验时，教师应保持适宜的情绪、状态，实验操作应规范、熟练、灵巧，现象鲜明，给人以美感。即使是有危险的实验，教师也应操作得自然、大方；对于实验操作中出现的意外，应果断处理，不要造成人为的紧张。对于胆小而不敢进行解剖、生理等实验的同学，教师应对其进行积极的鼓励和耐心的辅导，并不断对学生的微小进步给予充分肯定和鼓励，以消除恐惧心理对他们的影响，使他们全身心地投入实验中。

另外，在生物学实验中有时根据实验需要，可能会用一些生物活体作为实验对象，在这个时候教师有必要给学生讲清楚：我们用这些动物、植物做实验是为了更好地了解它们、保护它们。教师应经常给学生讲一些“世界环境日”“爱鸟周”等有关环保、生态方面的知识，使学生的知识面更加开阔，知道怎样更好地去保护我们的生活环境，以进一步明确生物学实验目的，端正实验态度。

（3）合理巧妙分组，排除学生自卑心理　做实验的过程也是学生心理变化的过程，有的学生性格外向，胆量大，勇于动手，但也有些学生性格内向，胆子小，怕出洋相，不敢动手。在做分组实验时，教师一般将动手能力相对较强的学生与相对较弱的学生搭配分组，结果往往出现一人做，多人看的现象，大部分学生得不到亲自动手做实验的机会，实验技能得不到有效的训练。

分组实验的目的是使每个学生都得到亲自动手做实验的机会，在教学中，教师可以在优势互补原则的基础上，采用“逆向思维”的方式，即将胆量相对较小、动手能力相对较弱的学生分在同一个小组。这样，尽管在实验中可能出现的问题多一些，教师指导费心一些，但是由于同组的水平相当，彼此相互协作，自尊心得到保护，少了些自卑，多了些自信，实验的积极性得到提高。在这样分组的实验教学中，教师要对相对较弱的学生组进行适时的指导和帮助，使他们体验到成功的快乐，最终提高学生的整体实验水平。

（4）优化实验过程，调整学习心理　心理学研究表明，学生的注意是一种心理过程，并不能保持很长时间。而单纯的兴趣只能引起短暂的注意。因此，生物学教师应努力探索，优化实验过程，培养学生持久的学习兴趣。生物学实验中的一些实验时间过长，现象过于复杂或结果过于迟缓，如“DNA 的粗提取和鉴定”“生物组织中可溶性还原糖、脂肪、蛋白质的鉴定”等，就会影响到学生的注意力，使先前培养的学习积极性也随之降低。这时就要通过优化实验过程来提高实验效率。例如，在实验“生物组织中可溶性还原糖、脂肪、蛋白质的鉴定”的教学中，教师可采取分阶段进行实验的方法，这样每得出一种物质的实验结果，都会让学生产生一种成就感，使学生的注意一直保持在浓厚的实验兴趣之中。

（5）鼓励“自由”实验，发展学生创新心理　素质教育是以培养学生创新精神和实践能力为重点的教育，而生物学实验教学是培养学生创新精神和实践能力的重要途径。在实验教学中，教师要改革教学方法，着重培养学生的创新精神，积极开展“开发性”“自主性”和“探究性”实验。大部分高中生处于十六七岁的年龄，在这一年龄阶段的学生，已有一定的独立思考、设计能力。他们总想用自己的方式、方法来验证一些生命现象和原理。对于这些比较有创造性的学生，教师应给予积极的引导，教师要对他们在实验中出现的一些新思路、新想法给予积极的评价，即使是不正确的，也要从理论和实践两方面对学生进行讲解，做到以理服人，不要轻易对学生的“奇思妙想”给予否定。事实上，有些实验可以有多种不同的方法，这就要求教师引导学生在保证安全的基础上，发挥自己丰富的想象力，对实验方法进行改进或设计新的实验方法，培养学生的创新能力。

（6）分析实验结果，增强实验期望值　有些生物学教师只是为实验而实验，等同学们一做完实验，收上实验报告就结束整个实验，并不重视分析实验结果。教师的这种做法，严重挫伤了学生的实验积极性。有的学生可能实验失败，但为了完成任务便抄袭别人的实验报告；有的在实验过程中虽然出了些差错，可也做出了正确的实验结果，他们对此迷惑不解；有的完全照实验步骤做，却没有做出正确的结果，便怀疑自己的能力并为此而感到自卑。

因此，教师应充分重视分析实验结果，可以在实验结束时搞一个自由提问，最后由教师做总结发言，让同学们在此时对当堂实验课所学到的知识进行系统的整理和巩固，还可以让学生产生一种对上实验课的期望心理，促使他们在下一次实验中更加认真努力，争取在实验结束时得到教师的肯定。

4.2.3　生物学实验教学中的师生关系

在以前的实验教学研究中，人们都是从学生的角度出发，仅通过设备的配置来评价实验室学习环境的质量。然而，在一个包含了 823 个班 8 个不同学科并且代表了 4 个不同民族的 17 805 名高中生的调查分析中，Haertel 发现，如果同学们感到有凝聚力、满足感，有前进的方向，并且少一些无组织，少一些摩擦，在这样的实验环境中学生实验效果就会更加理想。此后，在实验室内建立一种科学、和谐的师生关系已成为实验教学环境的研究重点。

在生物学实验中，如何建立这种科学、和谐的师生关系，教师在这一方面应起着主要的作用。教师在实验教学中应更新教育观念，将学生看成平等交往的人，注意与学生进行正常、平等的交往。在这种交往中，教师与学生不仅仅是教育者和受教育者，他们还是学习者和现实生活者，对于教师来说，实验教学不仅是工作，同时也是一种生活和学习，在这过程中教师也要不断超越、不断创造、不断实现自我的价值；对于学生来说，生物学实验不仅仅是学习知识、锻炼能力的课堂，而且是成长生活的地方，在其中能不断获得完善、不断发挥聪明才智和创造力，不断地获得生存所需要的思想、判断、感情和想象等方面的自由地位。

师生交往有着非常重要的现实意义，在实验教学环境研究中有必要探讨师生关系在实验教学中的重要性，并对此进行优化。

1. 良好的师生关系的重要意义

1）良好的师生关系有利于激发学生实验学习兴趣

以师生人际关系来说，良好的师生关系有利于学生学习兴趣的提高。由于有良好的师生关系，教师尊重学生，关心学生，热爱学生，学生反过来也会给教师以相应的积极情感的回报，会更热爱教师。当学生对教师的这种爱达到一定程度时，会产生情感迁移现象，即由热爱教师进而喜爱他所教的学科，并对他所教的学科产生兴趣，这正如《学记》所指出的“亲其师，而信其道”。

2）良好的师生关系有利于学生学习质量的提高

著名的教育家卡罗琳·奥林奇（C. Orange）博士认为：师生关系的质量会影响学生学习的方式和质量。在教学中，当师生关系融洽时，学生的精力集中，思维活跃，对所学知识投入十分的热情，这时学习属于“积极学习”，学习质量也会提高。相反，师生关系不好，学生情绪低落，精力不集中，处于“消极学习”之中，学习质量自然会下降。在生物学实验教学中，学生的活动空间增多，与教师交流的机会也同样增多。可以想象，如果师生关系不融洽，学生不愿意与教师进行交流，那么，即使学生在实验学习中有许多疑惑、不解之处，也不会向教师询问，这必将影响学生实验学习的质量。

2. 师生关系的优化策略

1）塑造平等、民主的教学风格

在实验教学中，教师要允许学生质疑，鼓励学生发表自己的见解，哪怕是不成熟或者是荒谬的，都要允许学生发表，这不仅是对学生人格的尊重，更主要的是创设一种实验教学所需要的“疑问意识”和“实验意识”。教师的这种教学风格将有助于学生的注意力更加集中，思维更加积极，良好学习氛围的进一步形成。人本主义学家罗杰斯认为：心理安全、心理自由是发挥创造性思维的先决条件。因此，教师要创建平等、民主的教学风格，就要以平等的态度来对待学生，以民主的方式指导和组织教学活动，同时运用自己的人格、形象及语言手段，来调节和控制各种教育影响因素，促进团结、平等、民主、和谐的教学氛围的形成。

2）理解学生

美国著名教育学家斯普林特霍尔和奥加都承认：教师的认同是塑造学生行为强有力的刺激物。教师要想真正和学生打成一片，就要切实放下“教师是学生的主宰者”“教师一定要严厉，不然管不住学生”等保守的思想，转而理解学生、认同学生。有的教师从自己的主观想象出发，认为学生不该这样做，不该那样做，对于学生的一些奇异想法和做法不理解。有的教师甚至认为学生是和自己过不去。特别是在生物学实验过程中，有些学生的问题特别多，让教师感到厌烦，便对学生产生不好的看法，回答学生的问题也敷衍了事，这样做只会加大学生与教师之间的距离。建议教师应多读一些教育心理学、儿童心理学等方面的书籍，提高自己的理论水平和个人修养，以保证最大程度地理解学生。

3）倾听学生

卡罗琳·奥林奇认为：有效沟通是有效教学的一个重要组成部分。学会倾听学生是师生进行和谐情感交流的一种重要手段，它强调师生在一种愉快、宽松和民主的气氛中进行情感交流。因此，教师要积极为学生创设问题情境，善于激发和保护学生的探索精神，鼓励学生各抒己见、披露天性、欢迎质疑，哪怕是标新立异的设想、荒诞不经的问题，教师都要耐心倾听并给予适当评说。生物学实验教学是实践教学，学生在动手操作中肯定会有很多的问题，这时教师更要耐心地对待学生提问，不要中途打断，或表现出对学生提出的问题不以为然的态度，要认真倾听，详细解答。只有这样，才能有效地解决学生在实验学习中遇到的问题，提高生物学实验教学质量。

4）培养助手

在学生中寻找一些热爱生物或对生物学实验充满兴趣的学生充当实验助手，让他们参与实验的准备工作，有条件的话，还可以让他们先做一遍实验。培养助手的目的：①为了更好地发展这部分学生的特长，增强他们对生物学实验的兴趣，鼓励他们求学上进，为以后进一步的生物学深造打基础；②这些助手可以在实验当中指导其他同学的操作，起到以点带面的作用，最终提高全体学生的实验能力；③通过这些助手的“桥梁”作用，可以更好地了解学生对生物学实验的要求和教师在教学过程中的不足之处，以利于更好地协调师生关系。

5）善于处理实验学习中的各种关系

在实验学习中，学生的活动空间大，相互接触和讨论的机会较多，这时不免要与同伴、教师发生意见分歧。在这种情况下，如果教师简单地利用权威否定一方或肯定一方，不仅会使本来困惑的学生更加不解，进而放弃实验的操作和学习，还会消极地影响其他同学的学习行为。因此，遇到这种情况，教师要与学生一起搞清问题的症结所在，并提出解决办法，如果是实验方法或实验技术的分歧，教师要有理有据地给学生讲清问题，如果是其他方面的问题，教师要在学生双方都能接受的基础上去解决。在处理问题时，教师不要高姿态，更不要一味地批评指责。

4.3　实验教学过程的优化

4.3.1　精心准备，是优化实验教学过程的前提

1. 实验室准备

在实验教学前，实验室工作人员应及时和生物学教师联系，确定参加实验的学生数目，以准备相应的实验药品、用具和实验器材，还可以联系实验助手一起做实验准备工作。此外，管理员还要布置好实验室的物理环境，创设一种和谐的实验室环境，让学生一进实验室就能感受到科学严谨、积极向上的实验氛围。

2. 教师备课

做好实验课前的准备，是保证实验教学成功的前提，教师围绕目标认真备课是重中之重。教师应熟悉实验原理和实验流程，选择合适的实验教学方法，并精心设计好实验教学程序。在备课中，还应熟悉实验操作的整个过程，在条件允许时，要亲自将实验做几遍，使自己的操作规范、熟练，动作干净利落，一举一动都成为学生的楷模。同时通过实际操作，教师可以预见学生实验中可能出现的错误，把握实验成功的关键。除此之外，实验课备课另一重要方面是“备学生”。“备学生”要求教师要在课前了解学生的知识准备程度、动手能力及考虑学生对该实验可能产生的心理等，并对此找出相应的教学对策。在正式上课前还可以和学生交流一下，以了解学生对实验的预习程度和确定自己的准备是否到位。

在备教材、备教法、备学生的教案上，教师会走出“纯知识”教案的圈子，向更深层次即“创造性”教案的方向发展。对于“备学生”，虽然早就有人提出，但在实践中却少有人用。笔者认为，在生物学实验教学中学生的“元认知结构”更为重要，因此，实验课前“备学生”是非常重要的一点，希望生物学教师能引起重视。

3. 学生预习

在实验前，教师要采用设问的方式布置实验预习内容。如果是验证性实验，如“观察细胞质的流动”，就让学生预习实验原理、过程和实验步骤等；如果是探究性实验，如“探索淀粉酶对淀粉和蔗糖水解的作用”，可让学生在预习的基础上，自己设计实验过程与步骤，学生带着疑问和思考进入实验室，既有利于学生在实验学习中集中精力、认真思考，又有利于探究情境的创设。例如，在进行“探索淀粉酶对淀粉和蔗糖水解的作用”时，给学生布置一些预习作业，如酶的特性、实验原理，并在此基础上让学生自己选择实验用品、设计实验步骤等，以锻炼学生的思维能力和实验设计能力。在实验教学前，教师可用谈话的方式，检查学生的预习情况，并对学生的实验设计进行评价，如果设计合理，还可以鼓励学生用自己的方法来进行实验操作。

4.3.2　良好学习氛围的形成，是优化实验教学过程的重心

实验教学气氛，主要指班集体在实验教学过程中形成的一种情绪、情感状态。它是在实验教学环境的作用下，在学生需要的基础上产生的情绪、情感状态，其中包括了师生的心境、精神体验和情绪波动，以及师生彼此间的关系，它反映了实验教学情境与学生集体之间的关系。包括两种类型，即积极性氛围和消极性氛围。对于积极性氛围的形成，教师可从以下几点考虑：①公平对待每一位学生；②对敢于提出意见的学生表示赞许；③对于学生提出的问题，可先不解答，而是鼓励学生进行思考，共同寻求解决方法；④鼓励学生相互讨论有关实验的问题，制止相互间进行与实验无关的争论；⑤适时参加学生的实验操作，与学生共同交换实验看法，忘却师生界线，完全以探讨和解决问题为中心。

4.3.3　巧妙的组织管理，是优化实验教学环境的关键

虽然有了平等、民主的课堂学习氛围，如果教师毫无组织能力，可能会使学生在实验中因过分的独立和自由而产生涣散、松懈的状态，从而降低实验质量，甚至无法保证实验教学的正常进行。因此，实验教学的组织管理艺术是优化实验教学环境的关键。

1. 明确实验教学目标，建立明确的当堂评价方案

简单地说，就是编制“实验操作评估表”，当实验结束时，给每个学生进行量化评分。评估表应从基础知识的掌握，操作技能的熟练程度，实验能力的发展到良好实验习惯、科学实验态度的养成等方面对学生进行全面评价，引导学生努力达到预期目标。教师应在实验开始前就给学生明确实验评估表的目的、内容及要

求，让学生在实验前就有一个严肃认真的实验态度。

2. 重视课前检查

实验课前检查学生的实验预习情况，目的就是让学生进一步明确实验原理、内容、方法和步骤。这时可采用谈话教学法，即利用适当的时间，了解一下学生通过预习，对实验原理、目的要求和方法步骤的理解情况，避免学生在做实验时发生边看书边做实验的情况。然后教师再利用几分钟的时间讲清实验原理、操作步骤、注意事项及实验重点、难点等。

3. 教师要加强对实验过程的督导

学生在操作过程中教师要加强指导，加强巡视，对学生出现的问题及时加以纠正，要培养学生严肃的学习态度，严谨的作风和科学的实验方法。教师的指导应包括以下几个方面。

第一，指导学生观察。先要向学生交代观察的任务、目的，并向学生提供具体的观察方法。一般来说，对材料的观察应遵循先整体后局部，由表及里，由上而下，先活体观察外部形态，后解剖观察内部结构的原则。在实验中要时时注意学生的观察是否准确、到位，要对学生不正确的观察方法和习惯及时纠正。

第二，指导学生的操作。首先，实验中一些直接影响实验效果的关键步骤，需要教师耐心指导。例如，在进行“探索淀粉酶对淀粉和蔗糖的水解作用”实验过程中，教师应提醒学生注意以下两点：①制备的可溶性淀粉溶液，必须完全冷却后才能使用；②两支试管保温时，要控制在 60℃左右，低于 50℃或高于 75℃，都会降低化学反应速度。其次，对某些技巧性较强的步骤，教师需精心指导，并让学生反复练习。

第三，对于有生物特长的学生，教师可根据教学需要和本校的实验条件，让学生设计某些实验的过程及步骤，并加以指导，不必拘泥于教材安排。指导学生分析。在实验操作过程中，对于学生出现的问题，教师不要急于回答，而是由现象到本质地引导学生分析问题，解决问题，不断提高学生解决问题的能力。如在“探索淀粉酶对淀粉和蔗糖的水解作用”实验中，如果蔗糖溶液中也出现砖红色沉淀，可引导学生分析以下几个原因：①蔗糖溶液放置的时间是否过长；②试管是否干净；③蔗糖本身是否纯净。

4. 细心总结，当堂测评

当实验操作过程结束后，要和学生一起进行讨论分析。结合学生在实验中出现的问题，抓住重点和典型，分析成功的经验和失败的教训。对于实验中学生感兴趣但在实验操作过程中来不及探讨的问题，可以和学生进行更深入的讨论，并借此激发学生学习生物学知识或做生物学实验的兴趣。

整个实验结束后，教师可给学生当堂打一实验分数，即填写“实验操作评估表”。这样当堂量化分数，既可以成为学生完成实验的外在动力，又可以成为学生期末总评的参考成绩，以做到对学生全面、系统地进行评价。如果学生实验失败或成绩不理想，学生可以要求在课外重做实验，以重做实验的结果评定分数。这样做，不但可以培养学生的能力及科学的实验态度，还可以培养学生不断追求上进、追求完美的精神。

4.3.4　运用现代教学技术，是丰富实验课堂教学环境的手段

多媒体辅助实验教学可以模拟生物实验现象，强化实验演示的一些生命现象，可以有效地控制变化的速度，调整快慢，从而便于学生观察和思维。广西的黄忠辉老师就生物学实验课使用录像教学对学生动作技能的影响进行了对比实验研究。其中对照组采用传统的实验教学模式：教师讲解→简单演示→学生操作→实验报告。而实验班在上实验课时，先放映课前摄制好的相应实验示范录像，教师在放映过程中或放映后对一些重点、难点内容加以简单讲解，然后再让学生进行分组实验。通过对研究结果的分析认为：由于录像具有较强的直观性，能够形象、准确地展现实验内容，不仅能激发学生的实验兴趣，而且使学生明确操作步骤，掌握操作技能关键点，对突破难点起到了很好的作用，从而大大节约实验时间，提高实验的成功率和学生操作的合格率，并使学生较牢固地掌握实验技能。例如，在进行“制作 DNA 双螺旋结构模型”的实验教学时，就可让学生先观察有关 DNA 模型及计算机模拟其合成过程的录像，然后再组织学生进行实验操作。

当然，在实验教学中，不可能只使用现代教育技术，只有把多种教学手段结合起来，求得最佳的组合，才能达到实验教学效果的最优化。例如，在“叶绿体中色素的提取和分离”实验中，通过录像示范实验操作过程，使学生了解实验操作过程，但教师要针对学生技能掌握的特点，重点示范技能操作难点和要点，如划滤液细线、层析等，才能使学生更准确地掌握实验技能。

思　考　题

1．生物学实验教学过程中主要包括哪些因素？
2．在生物学实验教学中如何优化学生的实验心理？
3．如何优化生物学实验教学过程？

第5章　生物学实验设计

内容提要：①生物学实验设计的意义；②生物学实验设计的原则；③生物学实验设计中的假说、预测和变量；④生物学实验设计的方法步骤；⑤生物学验证性实验与探究性实验的比较及设计示例。理解生物学实验设计的概念、意义，以及实验设计中的假说、预测和变量，掌握生物学实验设计的方法与步骤，具有一定的生物学实验设计能力。

生物学实验设计，是指实验者在进行生物学实验之前，根据一定的实验目的要求，运用有关的科学知识原理，对生物学实验过程中的材料、手段、方法、步骤等实验方案的制订。

5.1　生物学实验设计的作用

任何一个科学实验，都是由实验者根据一定的目的而设计出来的。没有设计就没有科学实验，就没有科学研究，可见实验设计的重要性。生物学实验设计的作用具体体现在以下方面。

5.1.1　生物学实验设计在科学研究中的作用

生物学实验设计，是生物学实验准备阶段的一项十分重要的工作，在生物学科学研究中具有极其重要的作用，它直接关系到实验效率的高低，乃至实验的成败。通过实验设计为一个生物学研究课题提供一个可行性方案，并通过这个方案的实施获得一个生物学结论，或者对某一生物学现象做出科学的解释。科学、合理、周密、巧妙的实验设计，往往能导致生命科学的重大发现。例如，遗传学的奠基人孟德尔，通过豌豆等植物的杂交试验，提出了遗传的两个基本规律——基因的分离定律和基因的自由组合定律。遗传学家摩尔根及其合作者，则是通过果蝇的杂交试验，提出了遗传的另一个基本规律——基因的连锁和交换定律。

5.1.2　生物学实验设计在教学中的作用

培养学生的生物学实验设计能力，是中学生物学课程标准中所明确要求的一个目标。中学生物学实验设计的主要目的，并不是为获得某一科学领域的结论，重要的是学会实验设计的方法，并在实验设计中激发学生的生物学学习兴趣，培养学生提出问题、分析问题和解决问题的能力以及创新精神。同时，进行生物学实验设计还需要学生掌握各种科学方法（如观察、实验、测定、记录、假说、实验条件的控制等），具有严肃认真、一丝不苟和敢于创新的精神，因而有利于学生科学方法的训练和科学态度的养成，全面提高学生的生物科学素养。此外，生物学实验设计还是培养生物学教师实验研究能力的重要途径和方法。

生物学教学中的实验设计与科学家在进行科学研究中的实验设计是有区别的。

第一，生物学教学实验的大部分课题是教材或教师拟定的，实验原理也是已知的。

第二，由于实验课时、实验条件、实验手段等的局限性，不可能给学生提供更多、更复杂的探索背景，因此，大多数实验是在教师主导下的探索，探索的内容也是已被前人证明过的。当然，也不排除个别学生的个别发现和探索。

下面重点介绍中学生物学教学中的实验设计问题。

5.2　生物学实验设计的原则

从中学生物学教学和科学研究两个方面来分析，进行生物学实验设计要遵循以下几个方面的基本原则，其中，前 4 项原则是针对中学生物学实验教学而提出，后 4 项原则则是从科学研究角度制定的。

5.2.1　科学性原则

科学性原则是生物学实验设计的重要原则。所谓科学性，是指实验目的要明确，实验原理要正确，实验材料和实验手段的选择要恰当，整个设计思路和实验方法的确定，都不能偏离生物学基础知识和基本原理以及其他学科领域的基本原则。

5.2.2　可行性原则

可行性原则，是指在设计生物学实验时，从实验原理、实验的实施到实验结果的产生，都具有可行性。例如，“观察叶绿体”的实验设计，选择的实验材料必须是绿色植物的叶肉部分，使用的实验手段必须是显微镜的高倍镜，才有可能成功。如果用叶片的表皮或叶脉部分，或者使用低倍镜，则不可能达到观察效果。

5.2.3　简便性原则

简便性原则要求在实验设计时，要综合考虑，使得实验材料容易获得，实验装置比较简化，实验药品比较便宜，实验操作比较简便，实验量化比较简单，实验步骤比较少，实验时间比较短。这样，可以避免学生在实验设计时陷入一些繁琐的过程中，而忽视一些生物学实验中的关键问题，如对实验原理的思考，对实验现象的分析等。

5.2.4　安全性原则

生物学实验设计必须注意安全性，一旦实验出现事故，不但影响教学任务的完成，甚至造成人身伤害。所以，在使用一些实验器具（如解剖刀、解剖剪、酒精灯等）、有毒药品（如甲醛、丙酮等）、腐蚀性药品（如强酸、强碱等）时，一定要特别小心，严格执行生物学实验的安全规章制度，要有切实可靠的安全措施。

5.2.5　控制性原则

生物学实验是通过控制和干预实验对象而进行的探索活动。控制本身就是在分析的基础上找出影响现象产生的各种因素，从而以控制或干预某一需要研究的因素来达到认识事物本质的目的。因此，控制本身就是一种理性的思维，不仅是生物学实验设计的基本原则，也是生物学实验中的手段和方法。

5.2.6　对照性原则

对照比较是确定事物之间异同及其关系的过程，它是思维过程中的一个重要环节，也是能否抽取和概括本质特征，舍弃非本质特征的重要前提。通过对控制对象所表现出的特征的比较，才能发现事物之间的差异性和同一性，才能得出体现其本质特征的科学结论。

5.2.7　重复性原则

某一个具体实验的结论，不一定能概括出同类事物的本质。例如，对于同一作物品种，在光照、水分、土壤肥力等因素相同的条件下，通过控制不同温度来考察温度对该作物品种生长的影响，根据其实验结果表现出的差异不能立即就得出温度对其影响的结论，可能会有植物个体差异之间的作用，或在具体操作中失误等的影响，这就需要用重复实验的方法来证明这一具体实验反映的结果。扩大实验的样本是一种重复，将该实验结果推广到同类事物中去再次实验也是一种重复。重复性原则就在于尽可能消除非处理因素所造成的误差。

5.2.8　随机性原则

在生物学实验设计中，还应以数学理论为依据，尽量消除或减少实验中的系统误差，从而避免实验结果的偶然性。这正是随机性的意义所在，也是在生物学实验设计中应特别注意的问题。

5.3　生物学实验设计中的假说、预期和变量

假说、预期和变量的确定与控制，是生物学实验设计中的重要科学方法。在生物学实验设计中，首先，要对实验课题提出假说，并在通过实验检验假说之前，先提出实验的预期结果。另外，还必须根据实验目的和实验原理，确定对实验结果有影响的变量，并对其他非研究变量进行严格控制，以确保实验结果的准确性和实验结论的科学性。

5.3.1　生物学实验设计中的假说

假说就是对自然界或生物学实验中可以观察到的现象提出的一种推测或猜想。但这种推测或猜想不是盲目的，它是在一定的经验材料的基础上，以一定的科学知识为依据而提出的尚待通过科学实验检验的假说。

1. 假说的基本特征

1）假说与实验目的的统一性

在生物学实验设计中，每一个实验课题的提出，即每一个实验目的的确定，都是一个实验假说的形成过程。在这里，生物学实验课题、实验目的与实验假说表现出高度的统一性。

2）假说的客观性

科学研究中的任何一个假说都不是凭空想象的，而是以一定的客观现象作为出发点产生的。孟德尔之所以将遗传过程中的性状分离作为实验研究的题目，并提出性状分离是有一定规律的假说，就是由于他亲眼看到亲本的性状在遗传给子代过程中有显性性状和隐性性状之分，并在子二代中有分离现象。

3）假说的推测性

既然是“假说”，这种学说就带有一定的猜想成分，就不能保证百分之百的正确，因此它具有推测性。但由于它的客观性，并依据一定的科学知识为原理，因此它的推测不是瞎想，而是有一定的预见性。正因为如此，科学史上和现代生物科学领域中的重大理论及发现，很多都是先提出假说而最终获得证明的。

4）假说的多样性

既然假说具有客观性和推理性，那么根据一种客观现实就可能有几种不同的推测，进而产生不同的假说。在生物科学史上，关于生物的发育，就有预成论和渐成论、精源说和卵源说等几种假说。对生物实验中的某种现象，人们也会有种种猜测及假说。

正是由于假说的推测性和多样性，才需要通过生物学实验去检验和证明。因

此，提出假说是生物学实验设计中不可缺少的重要环节。

2. 假说的提出过程

生物学实验设计中假说的提出，大体要经过以下 3 个阶段。

1）对大量实验材料的分析整理阶段

这个阶段是为假说提供客观事实的阶段，没有这一阶段就没有假说的提出。因此，应对实验材料做出认真细致的分析和整理。

2）提出假说基本观念的阶段

提出假说的基本观念，即提出可以作为假说核心的基本事实和基本原理。对第一阶段获得的客观事实如何解释，是这一阶段的中心，也是假说提出的关键。在这里，实验者的主体性和想象力得到充分体现。

3）从基本观念推导出假说具体内容的阶段

这一阶段是在前两个阶段的基础上制定出假说的具体内容的过程，主要包括对已知事实的解释和科学预见。

这 3 个阶段不是彼此分割的，而是互相联系的。第一阶段是假说的出发点和客观依据，第二个阶段是假说基本观点的提出，第三个阶段是假说具体内容的确定。假说的提出是一个依据感性材料做出理性思考的过程，在这个过程中科学思维起着重要的作用。对假说的每一阶段以及所涉及的生物学现象、事实和知识，都要有深入的理解和理性的思考。

5.3.2　生物学实验设计中的预期

预期是生物学实验设计中不可缺少的一个重要环节。所谓预期，就是在实验设计方案确定之前，根据假说和实验原理，对实验可能出现的结果的判断。这种判断是建立在“可能性”的基础上，但又有一定的理论依据。如果预期在实验结果中没有出现，则假说被否定；如果预期得到实现，则假说成立。可见预期在实验设计中的重要性，既是从假说中推测出的结果，又是检验假说的一个对照。当然，有时结论和预期之间的矛盾也并不一定就是对假说的否定，有可能是实验设计中或操作过程中的一些失误导致的。这就需要寻找原因，修改实验设计方案，或重新进行实验操作。

5.3.3　生物学实验设计中反应变量的确定和控制

可以变化的量叫做变量。在科学实验中，对实验反应的结果有影响的变量称为反应变量。

任何一个生物学实验，影响其结果的因素都是多方面的，而且每一个因素也并不是稳定的，而是变化的。例如，对小鸡增重有影响的饲料就是一个因素，这个因素可以有不同水平，即有不同的变化；对植物株高有影响的光照时间和夜间温度，每个因素也都有不同的水平。因此，饲料、光照时间、夜间温度等影响实验结果的因素都可以成为反应变量。不难看出，生物学实验中很多反应变量就是实验条件。

生物学实验中的反应变量既可以是事物的数量，也可以是事物的质量，还可以是事物的某种状态，如光照强度、温度高低、时间长短、溶液浓度大小、饲料配方等。

反应变量的确定和控制在生物学实验设计中占有重要地位。因为任何一个科学实验的结论，都是从反应变量所表现出的数量、质量或状态的事实中推导或分析出来的。所谓反应变量的确定和控制，就是根据实验目的和实验原理，在设计实验时确定对实验结果有影响的变量，同时，对其他无关变量或非研究变量进行控制。

在实验中，对变量的控制所要遵循的原则是对照原则。通过对照的建立，达到对变量的控制，这是生物学实验设计的灵魂。

下面列举两个实例，说明生物学实验设计中反应变量的确定和控制。例如，在“光照时间对菊花花期的影响”的实验设计中，首先分析影响菊花花期的变量（即因素）可能有温度、光照强度、光照时间、水分、营养物质等。该实验的目的是要对影响菊花花期的某一个变量（光照时间）进行研究，因此，在该实验设计中，对需要研究的变量要创造典型的环境给予纯化，而控制其他非研究变量，即通过建立对照组并运用实验控制的减法原理在实验组和对照组中给予等值处理，以排除或抵消对研究对象的影响和干扰。

在这里，需要研究的变量——光照时间，既是实验条件之一，又是研究对象。这样，就将“光照时间”这一变量从其他变量中纯化出来。根据这一思路，就不难设计出具体的实验步骤了。再如，在“光照对鼠妇生活的影响”的实验设计中，研究的是光对鼠妇的影响。做出的假设是鼠妇适于生活在阴暗的环境中，光会影响鼠妇的生活。这就需要在设计实验时，给鼠妇提供阴暗和明亮两种环境，观察鼠妇对环境的选择。除光照这一因素以外，土壤的潮湿程度、温度等因素也可能对鼠妇有影响。为了确保实验结果只是由光照不同而引起的，就应当使这两种环境中除光照以外，湿度、温度等其他条件都相同。也就是说，只有光照是不同的，光照就是这个实验中的变量。

5.4　生物学实验设计的方法步骤

生物学实验设计的方法步骤，主要包括对实验原理的阐释、实验目的要求的制定、实验材料用具的选择、实验方法步骤的设计、实验结论与分析讨论等方面的内容。下面结合高中生物学“观察植物细胞的质壁分离与复原”实验，说明生物学实验设计的基本方法和步骤。

5.4.1　实验原理的阐释

实验原理是指生物学实验方法、实验手段、实验操作过程以及实验结果分析等所依据的科学理论，包括生物学实验中的各学科知识原理（如生物学原理、物理学原理、化学原理、数学原理）、控制原理和实验手段的使用原理等。例如，“观察植物细胞的质壁分离与复原”的实验原理是：当细胞液的浓度小于外界溶液的浓度时，细胞液中的水分就透过原生质层进入外界溶液中，使细胞壁和原生质层都出现一定程度的收缩。由于原生质层比细胞壁的伸缩性大，当细胞不断吸水时，原生质层就会与细胞壁逐渐分离开来，也就是逐渐发生了质壁分离。当细胞液的浓度大于外界溶液的浓度时，外界溶液中的水分就透过原生质层进入细胞液中，整个原生质层就会慢慢地恢复成原来的状态，使植物细胞逐渐发生质壁分离复原。

实验前必须深入理解和掌握实验原理，这是具体指导实验的理论依据，也是保证实验顺利进行的前提条件。生物学实验原理具有以下作用。

1）实验原理是具体指导实验的理论依据

每一个生物学实验材料用具的选择、实验方法步骤的设计，都不是随意的、盲目的，而是有其实验原理作为依据的。

2）实验原理对实验现象和结果具有预期与检验作用

生物学实验现象和实验结果的预期与检验，也是依据实验原理而做出的。在验证性实验中，实验原理可以对实验结果直接检验。

3）实验原理可以帮助理解实验过程

生物学实验原理对实验过程中的每个环节都有指导作用，可以帮助实验者更好地理解实验过程，更好地掌握实验操作。

4）实验原理有利于知识的迁移

掌握了生物学实验原理，就可以在实验中灵活地处理各种问题，有利于实验者进行知识的迁移。

总之，只有理解并掌握了实验原理，才能充分发挥实验者在生物学实验过程中的主体作用，才能把握住生物学实验的各个关键，才能正确地设计实验方案、科学地选择实验材料用具、严密地控制实验条件、准确地掌握实验操作，而最终获得科学的结论。可以说，实验原理是整个实验的灵魂。

5.4.2　实验目的要求的确定

生物学实验目的要求，是指用精练的语言阐明为什么做本实验以及做本实验应达到的目标，一般从知识、技能和能力 3 个方面去说明，它是实验的出发点和归宿。生物学实验的内容丰富，形式多样，且学生能亲身进行观察、操作和分析研究，这对他们形成敏锐的观察能力、准确的操作能力和敏捷的思维能力有着重要的作用。例如，“观察植物细胞的质壁分离与复原”的实验目的是：理解植物细胞发生渗透作用的原理，学会观察植物细胞质壁分离与复原的方法，培养使用高倍显微镜的能力。

5.4.3　实验材料用具的选择

生物学实验材料用具，是指实验应准备的材料、用具、仪器、药品和试剂等。一般包括实验材料、实验器具、实验试剂的选择。例如，“观察植物细胞的质壁分离与复原”的实验材料用具如下。①实验材料：紫色的洋葱鳞片叶，或水绵、黑藻叶、葫芦藓叶、蚕豆叶、南瓜的表皮毛等。②实验器具：显微镜、载玻片、盖玻片、吸水纸、刀片、镊子、滴管。③实验试剂：质量浓度为 0.3g/ml 的蔗糖溶液，或 1mol/L 的 NaCl 溶液、1mol/L 的 KNO_3 溶液，清水。

5.4.4　实验方法步骤的设计

生物学实验方法步骤主要包括：实验的组织和具体实施方法；实验的时间安排；实验操作的关键技术性环节；实验应注意的问题等。实验方法步骤的设计是整个实验设计的中心环节，它是依据实验目的和实验原理来设计实验中的各个细节，最终通过具体的实验实施来达到实验目的要求。

例如，“观察植物细胞的质壁分离与复原”的实验方法包括以下步骤。①制作洋葱鳞片叶表皮的临时装片。②用高倍显微镜观察。可以看到洋葱鳞片叶表皮细胞中紫色的中央液泡，还可以看到原生质层紧紧地贴着细胞壁。③从盖玻片的一侧滴入蔗糖溶液，在盖玻片的另一侧用吸水纸吸引。这样重复几次，盖玻片下面的洋葱鳞片叶表皮就浸润在蔗糖溶液中。④用高倍显微镜观察，可以看到细胞中的中央液泡逐渐变小，原生质层逐渐与细胞壁分离开来。⑤从盖玻片的一侧滴入清水，在盖玻片的另一侧用吸水纸吸引。这样重复几次，盖玻片下面的洋葱鳞片叶表皮又浸润在清水中。⑥用高倍显微镜观察，可以看到中央液泡逐渐胀大，原生质层又逐渐贴向细胞壁。

5.4.5　实验结论与讨论

生物学实验结论与分析讨论，是实验全过程的最后阶段，也是从感性认识上升为理性认识的飞跃阶段。通过实验的观察、操作，学生获得了大量的感性信息，经过分析讨论获得结论，并把所学的理论知识运用于实践，使学生掌握生物学的基本规律。让学生自己得出结论，这是实验最重要的环节，也是实验宗旨的集中体现。

例如，“观察植物细胞的质壁分离与复原”的实验结论与分析讨论的内容如下。

结论：成熟植物细胞的细胞液与外界溶液通过原生质层能够发生渗透作用。当外界溶液的浓度大于细胞液的浓度时，植物细胞就通过渗透作用失水，逐渐表现出质壁分离的现象；当外界溶液的浓度小于细胞液的浓度时，植物细胞就通过渗透作用吸水，逐渐表现出质壁分离后又复原的现象。

讨论：①如果将上述表皮细胞浸润在与细胞液浓度相同的蔗糖溶液中，这些表皮细胞会出现什么现象？②当血红细胞细胞膜两侧的溶液具有浓度差时，血红细胞会不会发生质壁分离现象？为什么？

注意的问题：①本实验所用洋葱，必须选取紫色的、成熟的洋葱表皮细胞。这是因为紫色洋葱表皮细胞的细胞液中含有紫红色的花青素，当发生质壁分离时便于观察。只有成熟的植物细胞才具有大型液泡，通过渗透作用产生的质壁分离现象才更为明显。②如果所用蔗糖溶液浓度过大，细胞就会因过度渗透失水而死亡，使得原生质结构破坏，选择透过性消失，从而不能产生质壁分离现象。③事实上细胞的原生质层不是一个理想的半透膜，溶质是可以通过原生质层的，只不过速度较慢。因此，发生质壁分离的细胞，如果长时间放在浓溶液中，溶质将逐渐进入细胞，细胞液浓度将提高，外界水分进入细胞，最后也会自动发生质壁分离复原现象。④我们可以利用植物细胞的质壁分离现象来解决下列问题，如判断细胞的死活，只有活细胞才有质壁分离现象；测定细胞液的渗透压。

5.5　实验设计示例

案例 1　观察植物细胞的有丝分裂

1. 实验原理

在植物体中，有丝分裂常见于根尖、茎尖等分生区细胞。高等植物细胞有丝分裂的过程，分为分裂间期和有丝分裂期的前期、中期、后期、末期。可以用高倍显微镜观察植物细胞有丝分裂的过程，根据各个时期细胞内染色体（或染色质）的变化情况，识别该细胞处于有丝分裂的哪个时期。细胞核内的染色体容易被碱性染料（如龙胆紫溶液）着色。

2. 目的要求

① 观察植物细胞有丝分裂的过程，识别有丝分裂的不同时期。

② 初步掌握制作洋葱根尖有丝分裂装片的技术。

③ 初步掌握绘制生物图的方法。

3. 材料用具

① 实验材料：洋葱（可以用蒜、葱代替）。

② 实验器具：显微镜，载玻片，盖玻片，玻璃皿 3 个，剪刀，镊子，滴管。

③ 实验试剂：质量分数为 15%的盐酸，体积分数为 95%的乙醇溶液，质量浓度为 0.01g/ml 或 0.02g/ml 的龙胆紫溶液（或醋酸洋红液）。

4. 方法步骤

（1）洋葱根尖的培养

在上实验课之前的 3～4d，取洋葱一个，放在广口瓶上。瓶内装满清水，让洋葱的底部接触到瓶内的水面。把这个装置放在温暖的地方，注意经常换水，使洋葱的底部总是接触水。待根长 5cm 时，可取生长健壮的根尖制片观察。

（2）装片的制作

① 解离：上午 10 时至下午 2 时是洋葱根尖细胞有丝分裂的活跃期，可在这个时间范围内剪取洋葱的根尖 2～3mm，立即放入盛有质量分数为 15%的盐酸和体积分数为 95%的乙醇溶液的混合液（1∶1）的玻璃皿中，在室温下解离 3～5min 后取出根尖。

② 漂洗：待根尖酥软后，用镊子取出，放入盛有清水的玻璃皿中漂洗约 10min。

③ 染色：把洋葱根尖放进盛有质量浓度为 0.01g/ml 或 0.02g/ml 的龙胆紫溶液（或醋酸洋红液）的玻璃皿中，染色 3～5min。

④ 制片：用镊子将这段洋葱根尖取出来，放在载玻片上，加一滴清水，并用镊子尖把洋葱根尖弄碎，盖上盖玻片，在盖玻片上再加一片载玻片。然后，用拇指轻轻地压载玻片，这样可以使细胞分散开来。

（3）洋葱根尖细胞有丝分裂的观察

① 低倍镜观察：把制作成的洋葱根尖装片先放在低倍镜下观察，慢慢移动装片，要求找到分生区细胞，它的特点是细胞呈正方形，排列紧密，有的细胞正在分裂。

② 高倍镜观察：找到分生区细胞后，把低倍镜移走，换上高倍镜，用细准焦螺旋和反光镜把视野调整清晰，直到看清细胞物像为止。

③ 仔细观察，可先找出处于细胞分裂期中期的细胞，再找出前期、后期、末期的细胞。注意观察各个时期细胞内染色体变化的特点。

④ 在一个视野里，往往不容易找全有丝分裂过程中各个时期的细胞。如果是这样，可以慢慢地移动装片，从邻近的分生区细胞中寻找。

⑤ 如果自制装片效果不太理想，可以观察教师演示的洋葱根尖细胞有丝分裂的固定装片。有条件的学校，可以观察教师演示的马蛔虫受精卵的有丝分裂固定装片。

（4）绘图

在观察清楚有丝分裂各个时期的细胞以后，绘出洋葱根尖细胞有丝分裂的简图。绘图的要求：绘植物细胞有丝分裂中期图。

5. 结论

洋葱根尖的分生区细胞是通过有丝分裂方式进行增殖的。高等植物细胞有丝分裂的过程分为分裂间期和分裂期，分裂期又分为前期、中期、后期和末期。用高倍显微镜观察植物细胞有丝分裂的过程，可以看到各个时期细胞内染色体（或染色质）的变化情况。细胞核内的染色体（或染色质）易被碱性染料（如龙胆紫溶液、醋酸洋红溶液等）着色。

6. 讨论

① 制作好洋葱根尖有丝分裂装片的关键是什么？谈谈你自己的几点体会。

② 细胞有丝分裂各个时期染色体变化的特点是什么？

案例 2　光对鼠妇生活的影响

如果你翻动花园、庭院中的花盆或石块，常常会看到一些身体略扁、长椭圆形、灰褐色或黑色的小动物在爬动，这就是鼠妇，又叫潮虫。当你搬开花盆或石块，鼠妇很快就爬走了。为什么呢？是因为环境变明亮了吗？

1. 提出问题

光会影响鼠妇的生活吗？

2. 做出假设

鼠妇适于生活在阴暗的环境中，光会影响鼠妇的生活。

做出假设的依据是：在花盆、石块下等阴暗的地方看到了鼠妇，而在明亮的地方没有看到。当把花盆、石块搬开后，鼠妇很快就爬走了。

3. 制订计划

这个假设是否正确呢？你也可能会说，把花盆搬开后鼠妇爬走，不一定是光的影响，因为搬动花盆本身就是对鼠妇的外来刺激。看来要检验假设是否正确，还需要通过实验进行探究。

实验方案的设计要紧紧围绕提出的问题和假设来进行。本实验研究的是光对鼠妇的影响。做出的假设是鼠妇适于生活在阴暗的环境中，光会影响鼠妇的生活。这就需要在设计实验时，给鼠妇提供阴暗和明亮两种环境，观察鼠妇对环境的选择。除光照情况以外，土壤的潮湿程度、温度等因素也可能对鼠妇有影响。为了确保实验结果只是由光照不同而引起的，就应当使这两种环境中除光照以外，湿度、温度等其他条件都相同。也就是说，只有光照是不同的，光照就是这个实验中的变量。像这样，在研究一种条件对研究对象的影响时，所进行的除了这种条件不同以外，其他条件都相同的实验，叫做对照实验。

（1）材料用具

每个小组 12～15 只鼠妇，湿土，铁盘（或塑料盘、纸盒），纸板，玻璃板。

（2）实验装置

在铁盘内放上一层湿土，以横轴中线为界，一侧盖上纸板，另一侧盖上玻璃板。这样在盘内就形成了阴暗和明亮两种环境。

（3）方法步骤

① 全班分成 6～8 个小组进行实验。

② 将鼠妇放入实验装置，两侧的中央放同样数目的鼠妇，静置 2 min。

③ 每分钟统计一次明亮处和阴暗处的鼠妇数目，统计 10 次。做完实验后，把鼠妇放回自然环境中。

4. 实施计划

按照上述实验方案做实验。实验过程中要仔细观察，认真记录。可以设计一个与表 5-1 类似的表格，记录实验数据。

表 5-1　鼠妇数目统计表格

环境	时间									
	2min	3min	4min	5min	6min	7min	8min	9min	10min	11min
明亮										
阴暗										

5. 得出结论

小组的实验结果与假设一致吗？小组的结论是什么？

6. 表达和交流

向全班同学汇报小组的探究过程和结果。计算出全班各组 10 次数据的平均值。对全班平均值进行分析得出的结论，与小组得出的结论一致吗？如果不一致，请在老师的指导下分析原因。

① 这个实验中有哪些因素对鼠妇有影响？如何保证实验结果的不同只能是由确定的变量引起的？

② 为什么要用 12～15 只鼠妇做实验？只用 1 只鼠妇做实验行吗？

③ 为什么要计算全班各组的平均值？

7. 进一步探究

鼠妇的生活是否还受其他因素（如土壤的潮湿程度、温度等）的影响呢？请参照前面介绍的步骤，独立完成一个类似的探究。在制定探究计划之前，请认真想一想，这个实验的变量是什么？设计对照实验时，还要分成黑暗和明亮两组吗？探究结束后，完成一个探究报告。探究报告应包括：探究的问题，假设，设计思路，材料用具，方法步骤，结果，结论。

思　考　题

1．什么叫做生物学实验设计？

2．你对生物学实验设计的重要性是怎样理解的？

3．生物学实验设计的基本原则是什么？

4．生物学实验设计中假说的基本特征是什么？假说的提出一般要经过哪几个阶段？

5．什么叫做反应变量？举例说明生物学实验设计中对反应变量的确定和控制。

6．试述生物学实验设计的基本方法步骤，并举例说明。

第 6 章　生物学实验教学的评价

内容提要：①生物学实验教学评价的内容及形式；②生物学演示实验教学评价和学生实验教学评价的实施；③生物学实验考核中的有关问题。掌握生物学实验教学评价的内容及形式，能够在实践中进行实验教学评价。

在生物学实验教学过程中，其教学目标完成得如何？教学效果怎样？哪些成功了？还存在哪些问题？今后如何调整？这一系列问题必须借助教学评价来判断。

生物学实验教学评价就是对照实验教学目标，利用科学的方法和手段，对实验教学活动中学生的发展变化以及构成变化的各种因素进行价值判断，为教学决策提供依据，以促进学生综合整体发展的过程。实验教学评价是生物学实验教学系统的重要组成部分。

6.1　生物学实验教学评价的作用

生物学实验教学评价具有诊断、导向、调节、激励、改进等多重功能，尤其是旨在改进实验教学的评价活动，有其积极的心理功能和教育功能。实验教学评价对促进教学和提高教学效果的作用主要表现在以下 3 个方面。

6.1.1　了解教和学的具体情况

通过生物学实验教学评价，不仅可以了解教师的全面素质、教学水平、教学质量与教学效果，而且可以了解学生对生物学实验知识的掌握；了解学生实验技能、技巧的形成以及设计实验、观察实验、动手实验、收集和分析实验数据及解决实验问题的能力情况；了解学生的实验素质情况、意志品质情况。从而为选拔优秀学生，培养实验能力、探究能力强的学生提供可靠依据。同时也为实验教学中的因材施教提供有效的参考资料。

6.1.2　调节教与学双方的活动

教师通过实验教学评价提供的反馈信息，可及时查缺补漏，明确自己在实验教学活动中的长处和不足，改善实验教学计划和指导方法，以不断提高实验教学质量。学生通过实验教学评价，在了解自己情况的基础上，发扬长处，改进不足，进一步完善实验，从而提高实验质量和效果。

6.1.3　调动教师教学积极性，激发学生学习的主动性

教学评价作为现代管理手段，具有激励作用。因为有了评价标准，教师和学生都会为达到预期目标而积极参与实验教学活动。通过评价，证明实验教学的成功，师生就会获得成功的情感体验。这种体验能增强学生的学习信心，激发教师的工作热情。如果评价证明实验教学的失败，不愉快的体验会促使师生更加谨慎地避免不良后果的再次发生。“吃一堑长一智”，寻找失败原因，考虑如何改进。教师如果能及时准确地为学生提供改善学习的信息，就会激励学生的进取心，使其积极主动地学习。

总之，在生物学实验教学活动中，按照全面实施素质教育的价值标准，通过科学的评价手段，掌握学生实验知识水平、实验能力和情感等方面发生的变化，为改进实验教学和构建素质教育的实验教学体系提供依据，以便取得最优的教学效果，这也是生物学实验教学评价的本质所在。

6.2　生物学实验教学评价的内容及形式

6.2.1　制订生物学实验教学评价体系的原则

为了保证实验教学质量，必须确定实验教学的质量标准以及改革的目标。而实验教学评价指标体系实际上就是实验教学的质量标准，它对实验教学的各个环节提出明确而具体的要求。在制订实验教学评价体系时，一般应遵循如下原则。

1. 导向性原则

在进行实验教学评价时，应根据现代教育的发展趋势，首先明确中学生物学教学的培养目标和要求。然后根据实验教学的具体情况和存在的主要问题，有针对性地设计评价指标及评价标准，引导教师按照实验教学的目标、标准来实施实验教学，促进以培养创新能力和解决实际问题能力为主的实验教学改革深入发展。评价不是目的，而是将评价活动作为推动教学改革，实现教学目标、教学任务的一种手段。

2. 科学性原则

实验教学是由许多因素决定的，要准确地反映其现实情况，评价指标和量化值的设置就必须科学准确。在评价中坚持科学性原则，有以下要求：①评价指标与实验教学的目标应一致，能反映目标要求，并找出主要因素；②各个指标要相

对独立，能够从不同的侧面反映目标的要求，既不冲突，也不重复；③评价标准和方法要尽可能量化，既具可比性，又可适用定性与定量相结合的方法；④评价指标要尽可能全面，而且突出重点，评价时应严格按标准进行。

3. 整体性原则

这一原则指的是实验评价应从全面、准确的角度反映总体目标的要求。评价对象往往是由多因素、多层次、多方面构成的整体，虽然各自都具有一定的独立性，但它们又都互相联结在一起，有整体性。

4. 可行性原则

这一原则指的是在评价指标体系中，制订的指标应易于获取、比较，指标体系在全面反映整体要求的前提下应尽量简单明了，量化方法应简单易行。指标是目标的具体规定，在实施过程中必须从实际出发，使评价工作变为教育、教学中的一项经常性工作，并不断提高水平。

6.2.2 生物学实验教学评价的内容

生物学实验教学是由实验目的、实验材料、仪器设备、内容、步骤、形式和方法等因素构成的，是从提出目标、接受目标到实现目标这样一个反映师生相互作用的发展过程。因此，对生物学实验教学进行评价就应涉及教学过程的方方面面。生物学实验教学评价究竟该评价哪些内容？如何确立评价的指标体系？可以根据生物学实验教学的目标，从教学条件（教学队伍、实验室、仪器设备）、教学管理（实验教学文件、教学过程）、教学效果、教学内容与课程体系改革等几个方面来进行评价指标体系的设计。

表 6-1 是根据目前生物学实验教学的实际情况，从教学管理、教学过程、教学队伍、实验室与仪器设备、教学改革和教学效果 6 个方面来设计实验教学的评价指标体系。这 6 个方面是一群影响实验教学质量的、紧密联系的指标，每一指标又包括许多不同的评价项目。每一项目可以根据实际情况制定具体的评价标准。

表 6-1　生物学实验教学评价指标体系

评价指标	评价项目	评价标准	评分		
			分值	自评	测评
实验教学管理（15 分）	实验授课计划（4）	计划明确、合理，执行严格	4		
		有计划，合理，执行不严格	2		
		有计划，不合理，执行不严格	1		
	实验考核方法（3）	考核方法合理，执行严格，成绩正态分布	3		

续表

评价指标	评价项目	评价标准	评分		
			分值	自评	测评
实验教学管理（15分）（续）	实验考核方法（3）	有考核方法，执行不严格，成绩非正态分布	2		
		无具体的实验考核方法	0		
	实验考核方式（3）	考核方式多样，有全面的实验操作考核记录	3		
		考核方式多样，但实验操作考核记录不全	2		
		没有实验操作考核	0		
	实验教学管理制度（3）	制度健全，执行严格	3		
		制度健全，执行一般	1		
		制度不健全，执行不严格	0		
	实验教案（2）	每个实验均有教案，并按要求认真完成	2		
		有实验教案，完成得一般	1		
		无实验教案	0		
实验内容与改革（20分）	综合、设计性实验（10）	综合、设计性实验项目的比例≥50%	10		
		综合、设计性实验项目的比例≥30%	8		
		综合、设计性实验项目的比例≥20%	5		
		综合、设计性实验项目的比例≥10%	3		
		综合、设计性实验项目的比例＜10%	1		
	教学内容的改革（5）	教学内容的改革计划明确，措施得当，成效显著	5		
		有教改计划，有措施，略有成效	3		
		有教改计划，成效不明显	1		
	实验教改成果（5）	任课教师有公开发表的实验教学研究成果	5		
		任课教师有实验教学研究成果，但未发表	2		
		无实验教学研究成果	0		
实验教学过程（25分）	实验开出率（10）	……			
	实验分组（3）	……			
	指导学生人数（3）	……			
	实验预习（3）	……			
	实验工作记录（3）	……			
	实验报告（3）	……			
实验教师队伍（10分）	指导教师人数（3）	……			
	指导教师学历、职称（2）	……			
	指导教师学术水平（3）	……			
	专职实验人数（2）	……			

续表

评价指标	评价项目	评价标准	评分		
			分值	自评	测评
实验室与仪器设备配备（10 分）	实验室配备（2）	……			
	实验室安全卫生（2）	……			
	实验室开放率（2）	……			
	仪器设备配备（2）	……			
	仪器设备完好率（2）	……			
实验教学效果（20 分）	学生实验水平（10）	……			
	实验测试成绩（4）	……			
	学生评价（6）	……			

在表 6-1 中，教学队伍、实验室与仪器设备是保证实验教学的基本条件，占 20%；教学管理和教学过程是保障实验教学质量的基本环节，占 40%；实验内容的改革是提高实验教学水平和质量的动力，占 20%；教学效果是整个实验教学工作质量的检验和体现，占 20%。

这个指标体系能够比较好地体现新课改和新课标的精神，结合目前实验教学的实际情况，强调综合性、设计性实验的开出，提高其权重，注重培养学生的动手能力和创新能力；强调实验开出率，注重学生实验基本知识的掌握和基本技能的培养；加强实验过程的评价，扎扎实实地做好实验教学的每个环节；积极鼓励教师对实验教学进行改革，实行开放式教学。

6.2.3　实验教学评价的形式

生物学实验教学评价的形式多种多样。在具体实施过程中，一般应做到以下 3 个方面。

1. 定性评价与定量评价相结合，以定性评价为主

根据评价的标准不同，可将生物实验教学评价分为定性评价与定量评价。定量评价是从数量分析的角度对评价对象进行评价，其具有较高的客观性和可靠性，但因影响实验教学的因素复杂多样，定量评价具有一定的局限性，还需要定性分析评价，定性评价侧重于从质的方面做描述性分析。把定量评价与定性评价结合起来，才能较正确、客观、全面地反映实验教学活动的状况，从而正确指导实验教学工作。在评价实验教学的具体问题时，应以定性评价为主，定量评价为辅，这样才能较公正地衡量教师实验教学质量的情况。

2. 整体性评价与专题性评价相结合，以整体性评价为主

根据要求和考核范围的不同，可将生物实验教学评价分为整体性评价与专题性评价。整体性评价就是对生物实验教学系统中的各个要素进行综合的、全面的、切合实际的分析评价。专题性评价则是根据教学研究或教学改革的需要，就实验教学的某一方面进行较集中的、深入的评价。由于各要素总是相互联系、相互影响的，进行专题评价必须兼顾其他有关方面，且有必要在专题评价的基础上进行整体综合评价。

3. 自评与他评相结合，以自评为主

根据参加课后评价的主体不同，可将实验教学评价分为教师的自我评价和他人评价。教师的自我评价是教师经常采用的一种方式。自我评价机动灵活，省时省力，便于经常进行。但这种评价容易受教师自身业务水平、教学理论修养等因素的限制，评价的客观性较差，易产生评价不公。他评包括领导、同行和学生对实验教学的分析、评价。领导和同行能紧密结合实验教学活动做出比较全面、准确地分析评价，一般较客观恰当。学生是教师的施教对象，对教师实验教学质量的好坏有直接感受，注意听取学生的分析评价，收集反馈信息也是十分重要的，所以在实验课教学中，以自评为主，自评与他评相结合效果较好。

6.3　生物学实验教学评价的实施

中学生物学实验包括演示实验、学生分组实验、学生课外实验及研究性实验等。此处主要对目前中学生物学实验教学中的演示实验教学和学生实验教学的评价进行探讨。

6.3.1　演示实验教学的评价

1. 演示实验教学的评价结构

演示实验是指在生物学课堂教学中，教师结合教学内容进行的有关实验操作，并用实验结果验证巩固知识，或者用实验过程引导学生探索实验结果，或者用示范性动作指导学生独立操作实验步骤。演示实验教学的评价主体是领导、同行和学生，评价对象是教师的演示实验教学活动。评价的目的在于了解教师的生物学演示实验教学水平，以及了解学校有关生物学实验教学各个环节，包括存在的薄弱环节，从而为改进实验教学和提高实验教学质量提供依据。

2. 演示实验教学的评价内容和标准

演示实验教学的评价内容及标准的制定，应紧紧地围绕着演示的目的、准备、过程、方法和效果等具体内容（表 6-2）。

表 6-2　生物学演示实验评价标准

评价项目	评价标准	评价等级			
		优	良	中	差
实验目的	演示目的明确，演示的内容符合教学目标，并与教学重点紧密结合				
实验准备	演示材料、用具准备充分，仪器调试完好无误，演示程序步骤熟练掌握				
实验过程	演示与讲解结合恰当，演示程序合理有序，演示有启发性，利于学生观察				
实验方法	演示方法科学，操作规范、动作熟练、示范性好				
实验效果	演示实验效果明显，与理论知识教学协调一致，课堂气氛活跃，学生参与意识强				
综合评价		总评等级			

3. 演示实验教学的评价程序及方法

演示实验教学作为评价的专题内容时，一般采取定性评价，其评价程序及方法大致如下。

1）制定评价方案

制定具体评价方案的依据是：①单元教学的教学目标；②本单元的教学重点；③演示实验的评价指标和标准；④实验设施和仪器设备条件等。在学校实验条件允许的前提下，根据单元教学的教学目标和教学重点，以演示实验的评价指标和标准为依据，制定具体演示实验的评价方案。

2）收集评价资料

演示实验教学的评价资料一般为定性资料，主要是领导、同行的听课记录和随堂填写的上述评价表。此外，也可以与主讲教师或全体生物学教师或学生进行座谈，收集他们对学校的实验教学及实验设施提出的改革建议。

3）分析总结资料

分析和总结演示实验教学的评价资料时，重点是教师演示实验教学的水平，侧重于教师的实验操作技能、对实验仪器的调试技能以及演示实验的教学效果。此外，也可以分析有关生物学实验教学及设施存在的薄弱环节。得出的评价结果应及时地反馈给教师和学校有关领导，以便更好地改进实验教学工作。

6.3.2 学生实验教学的评价

1. 学生实验教学的评价结构

学生实验是生物学实验教学的主要形式，它是指学生在教师适当的指导下，利用一定的材料、药品、仪器设备，按照指定的条件验证巩固已学知识的实验操作，或者独立地完成探索性实验操作，以便探究学习新知识。

可以看出，从实验的目的而言，可将学生实验分为验证性实验和探索性实验。不管哪一类实验，评价的主体都包括领导、教师同行及学生。评价对象是教师的实验教学活动和学生的实验学习活动及效果。评价的目的在于调动生物学教师参与实验教学研究的主动性和积极性，深入地探讨验证性实验和探索性实验的基本教学模式，不断地总结和积累组织学生实验教学的成功经验，以改进生物学实验教学和提高教学质量。通过对教师的实验教学活动的评价，可以较全面地检查实验教学的实施状况和发现教学过程中存在的问题。通过对学生实验活动及效果的评价，不仅可以了解学生的实验观察能力、实验操作能力、实验探究能力，还可以观察到学生实验过程中情感态度与价值观方面的表现。学生实验教学评价比较重视形成性评价。

2. 学生实验教学评价的内容和标准

学生实验教学评价是实现生物学实验教学目标的基本保证和重要手段。学生实验教学的评价内容较为复杂，既要测评实验教学过程中教师的教学行为，又要测评学生的实验观察能力、实验动作技能以及实验探究能力。另外，还涉及有关的认知领域和情感领域的学习目标。

1）学生实验教学过程中教师的评价

实验教学中教师行为的评价内容包括实验教学态度、实验目的、实验准备、实验方法、实验程序、实验指导、实验效果、实验室管理等方面，其评价指标的具体标准如表 6-3 所示。

表 6-3 生物学学生实验教学过程中教师评价标准

评价项目	评价标准	评价等级			
		优	良	中	差
实验态度	重视实验教学，备课认真，实验教案较好				
实验目的	目的明确，并与教学重点紧密结合，能激起学生兴趣，产生求知欲望				
实验准备	实验材料、用具准备充分，仪器调试完好无误				
实验方法	实验教学方法与理论知识、实验类型、学生的认知水平及接受能力相适应				

续表

评价项目	评价标准	评价等级			
		优	良	中	差
实验程序	实验程序科学合理，有利于实验进程的顺利实施				
实验指导	讲授实验要点简单明了，示范规范准确，指导学生实验熟练得法，并能引导学生灵活地分析实验结果				
实验效果	实验效果显著，学生的认知、技能、能力、情感达到了预期目标				
实验室管理	实验室环境卫生好，安全有保障，设备使用率、完好率高				
综合评价		总评等级			

2）学生实验教学过程中学生的评价

实验教学中学生行为的评价内容包括认知、能力和情感等方面，在具体实施过程中，一般把学生实验教学中学生行为的评价内容分为以下两部分。

第一部分是每次实验每个学生应进行的常规项目评价。常规项目评价一般包括实验预习情况、考勤与课堂纪律情况、实验观察与分析、常规仪器设备的操作、爱护公物、节约用品、清洁卫生习惯、实验报告 8 个方面（表 6-4）。

表 6-4　生物学学生实验教学过程中学生行为评价标准（常规项目）

评价项目	评价标准	评价等级			
		优	良	中	差
实验预习情况	明确实验目的以及实验的重点内容，了解仪器设备的使用方法。实验预习报告的完成，并根据预习报告熟练地进行实验操作				
考勤与课堂纪律情况	按时上课，不迟到、不早退，遵守实验纪律，无大声喧哗的现象				
实验观察与分析	对实验现象认真观察，并能及时记录，进行准确判断、分析				
常规仪器设备的操作	掌握仪器设备的使用要点，操作规范准确				
爱护公物	仪器设备、实验用具按规定摆放，无损坏、丢失现象				
节约用品	严格按规定用量取用实验材料及药品，无浪费水电现象，对于回收用品，无乱扔乱倒现象				
清洁卫生习惯	仪器设备摆放整齐，主动搞好清洁卫生，保持台面、地面、水池等的清洁，并讲究个人卫生				
实验报告	书写格式正确，实验现象、数据记录准确，并解释合理				
综合评价		总评等级			

常规项目评价内容的主要依据是教学大纲和教学内容，其目标一方面使学生具有实验基本操作技能，能使用常规仪器设备、材料及药品进行一般的生物学实验，并正确完成实验报告；另一方面使学生具有积极主动的学习态度，养成爱护公物、遵守纪律和严谨求实的科学作风。

第二部分是根据每个实验的具体情况，制定具体项目的评价。一般包括学生实验观察能力的评价、实验动作技能的评价、实验探究能力的评价以及学生实验过程中情感态度与价值观方面的评价等。

（1）实验观察能力的评价　观察能力是人们认识事物特点的一种能力。它是有目的、有计划并和思维活动紧密结合的主动的知觉。这种能力在生物学科上的表现是指善于观察生物和生命现象的细微变化及其本质特点的能力。它包括观察生物体的外部形态的能力，以及从个体水平、细胞水平、分子水平去观察生物体的内部结构、功能及其生理机制的能力等。正确的观察能力应该是通过视、听、触、味觉等感觉器官能动地、客观地去进行动态的、定性定量的和综合性的观察。在观察过程中寻找、发现被观察对象的异同。所以这种能力不是单一的知觉能力，而是一种多因素的智力结构。

北京市第四中学特级教师郑春和老师在《生物学教育测量与评价》一书中将学生实验观察能力评价的重点内容分为以下 5 个方面：①目的性，即学生是否明确实验观察的目标和内容，能否知道观察的重点；②条理性，即观察的顺序是否安排合理，前后环节是否衔接紧凑；③理解性，即是否能够全面、准确地记录实验现象或结果，在观察过程中产生的“即时想法”是否具有深刻性，是否能够对观察现象作出合理的解释；④敏锐性，即是否能够准确地把握重要的实验现象，尤其是能够细致地观察到那些“转瞬即逝”的生物现象，并做出准确而详细的记录；⑤持久性，即观察过程中能否保持始终一贯的注意力。

（2）实验动作技能的评价　实验动作技能是指学生完成某个生物学实验过程的动作技能表现的熟练程度。生物学实验动作技能的评价，通常是要求学生在规定的时间内，按照规范化实验程序和动作要领，完成某个实验的操作、观察和记录等全过程，并得到符合一定标准的实验结果。因此，对学生的实验动作技能的评价，既要测评学生的实验操作过程，也要测评其实验结果。

郑春和老师认为，实验动作技能的过程评价指标主要有：①准确性，即按照动作要领进行规范性操作无误；②熟练性，即实验技能动作迅速而协调，达到“自动化”水平；③敏捷性，即表现出一定的技巧；④应变性，即对实验过程中发生的意外或产生的异常实验现象能够予以妥善处理，直至表现出一定的创造性。实验动作技能的结果评价指标有：①能否准确记录或描述实验过程；②是否得到正确的实验现象或结果；③能否合理地分析和解释实验现象或结果，并得出符合实际的实验结论；④能否在规定的时间内完成实验任务。

（3）实验探究能力的评价　生物科学作为由众多生物学事实和理论组成的知识体系，是在人们不断探究的过程中逐步发展起来的。探究也是学生认识生命世界、学习生物课程的有效方法之一。培养学生的探究能力是义务教育阶段和高中阶段生物课程的重要目标之一。在教学过程中，教师应关注学生在探究活动中逐步形成观察、归纳和发现问题的能力，逐步形成设计实验、调查研究、动手实验的能力，逐步形成收集和分析数据、表达和交流的能力等。教师应结合探究活动的全过程评价学生的探究能力。

对学生探究能力的评价应根据探究活动的类型来设计。例如，对实验探究能力的评价可包括完成以下工作的情况。

A．提出问题和做出假设

① 确定一个可以通过探究活动回答的问题。

② 说出与问题有关的背景知识。

③ 做出一种可检验的假设。

B．制定实验计划

① 明确实验目的。

② 陈述自变量和因变量的关系。

③ 描述观察或测量变量的方法。

④ 列出重要的步骤和材料器具。

C．实施实验计划

① 执行实验计划中规定的步骤。

② 记录实验现象和数据。

③ 重复收集实验数据。

④ 处理实验数据。

D．阐述和交流实验结果与结论

① 根据实验现象和数据得出结论。

② 应用有关的科学知识解释结论。

③ 说出假设是否得到支持。

④ 完成实验报告。

⑤ 对探究过程进行反思和评价。

（4）学生实验过程中情感态度与价值观方面的评价　学生的情感态度与价值观是学生心理发展的基本内容，在生物学实验教学过程中，教师应密切关注学生情感态度与价值观方面的进步以及良好行为习惯的养成。例如，在“认识保护生物圈的意义”的学习活动中，不仅应该评价学生相关的知识和技能，同时也应对学生在活动中表现出来的热爱家乡和祖国的情感、保护环境的意识、实事求是和勇于探索的科学精神等方面进行评价。

可通过观察学生的行为、调查问卷、访谈、学生自评和同学互评等途径进行，其评价可以是针对学生个人的，也可以是针对学生集体的。评价结果的表述可以是等级评定，也可以是对被评价者的行为、志趣、态度等的客观描述，还可以是调查结果的统计数据，等等。

3. 学生实验教学的评价程序及方法

在当前的生物学教学评价中，如何搞好学生实验教学评价是一项重要的生物学教学研究的课题。在学生实验教学中教师行为作为评价的专题内容时，一般采取定性评价，关键在于评价指标及优化标准的制定，其评价程序及方法与演示实验教学基本上相同。目前对于学生实验教学中教师行为的评价工作还未系统地进行，而对学生的实验观察能力和实验动作技能的评价工作取得了一定的经验。其评价程序及方法大致如下。

1）制定评价具体方案

对学生的生物学实验观察能力和实验动作技能的评价，至今尚没有一个通用的评价指标及优化标准，通常是根据学生实验教学的课题内容来制定评价的具体方案。当前，评价学生的生物学实验观察能力及有关的认知能力等，主要是根据学生提供的实验报告。在实验教学过程中学生填写的实验报告，是教师根据实验课题内容、实验教学目标、实验类型、实验教学方式和实验程序安排等设计的。实验课题内容和实验类型不同，学生实验报告的格式也不相同。

对实验动作技能的评价，要制定出考查实验课题内容的具体评价指标及标准。例如，在高中生物学会考中，“植物细胞质壁分离及其复原”实验的动作技能的评价指标及标准如表 6-5 所示。

表 6-5 “植物细胞质壁分离及其复原”实验的动作技能的评价指标及标准

评价项目		评价要点及标准	标准分数值		评定分数值
制作洋葱表皮装片	（1）取材	① 取鳞片叶外表皮（不带叶肉）	5	10	———
		② 大小适中（$4mm^2$）	5		
	（2）制片	③ 用镊子将表皮平展于载片水滴中	5	10	———
		④ 用镊子加盖片，装片内无气泡	5		
观察细胞质壁分离及其复原现象	（1）低倍镜观察	① 会用转换器，低倍物镜转换正确	8	40	———
		② 会用反光镜和光圈，视野亮度适中	8		———
		③ 会用粗准焦螺旋调焦，物像清晰	8		———
		④ 会将物像移至视野中央	8		———
		⑤ 辨认出细胞壁和液泡	8		
	（2）诱发细胞质壁分离	① 滴加 30%蔗糖溶液的操作方法正确	5	20	———
		② 用吸水纸引流的操作方法正确	5		———
		③ 出现质壁分离现象	10		
	（3）诱使质壁分离复原	① 滴加清水的操作方法正确	5	20	———
		② 用吸水纸引流的操作方法正确	5		———
		③ 呈现质壁分离复原现象	10		
实验持续时间			累加分值		

2）收集评价资料

实验观察能力的评价资料主要来源于学生的实验报告。在学生实验教学过程中要求学生认真记录观察到的实验现象，在实验观察的全过程之后，给学生整理和完成实验报告的时间，并要求学生当堂交出实验报告，这样才能保证收集到准确可靠的评价资料。此外，在学生进行实验观察的过程中，教师和其他评价者要有目的、有秩序地巡视学生的实验活动，注意发现能够反映出学生观察能力品质的不同等级的典型。实验动作技能的评价资料的来源，主要是评价者依据具体的评价指标及标准，通过直接观察、记录学生实验操作的全过程，评定和填写出的一张相应的量化表格。

3）分析总结资料

根据实验报告，对学生的实验观察能力进行的评价是一种相对评价。首先在批阅实验报告的基础上，按照学生的实验报告水平进行分类；然后，查找出实验观察过程中记录的不同等级观察能力品质的典型，分析典型人的观察能力水平是否能够反映所处类别学生的一般水平；最后，为实验观察能力水平相近的学生评定相同的等级。

在当前的高中生物学实验会考中，强调学生在规定时间内完成某项实验动作技能。有些学生没有按时完成实验操作的全过程，但是不等于他们不会尚未完成的实验操作。因此，科学的实验动作技能评价应该将学生完成实验的持续时间作为评价实验动作技能水平的有效指标之一。综合评定学生的实验动作技能成绩时，可按下列公式计算。

$$X=\mathrm{a}X_c+\mathrm{b}X_t$$

在上述公式中，X_c 为学生的实验动作技能的累加分值；X_t 为实验持续时间应得到的时间分值；a 与 b 为两种成绩的权重系数，权重系数的大小可以根据具体实验内容而定，如 3 : 7 或 4 : 6 等。X_t 则按下列公式计算。

$$X_t=\frac{T_{平均}-T_i}{S_t}\times \mathrm{c}+\mathrm{d}$$

在上述公式中，T_i 为学生完成某个实验动作技能使用的实际时间；$T_{平均}$ 为被测学生完成实验使用的平均时间；S_t 为标准差；c 与 d 为常数，用于将时间成绩转换至常规范围内，c 值一般为 10，d 值则是根据 T_i 的分布范围而定。

例如，在“质壁分离及其复原”实验的测评中，400 名学生完成实验的时间分布于 10～30min 之间，完成实验的平均时间为 18.96min（按 19min 计算），标准差为 5.29min（即 317.4s），各个时间段的人数如表 6-6 所示。

表 6-6　学生完成“质壁分离及其复原”实验时间分组统计结果

时间分段/min	10～12	13～15	16～18	19～21	22～24	25～27	28～30	31～33
人数/个	27	58	70	134	95	11	5	0
设定 d 值/min	100	95	90	85	80	70	60	50

按照上述计算公式，如果某学生的实验动作技能成绩为 85 分，完成实验的时间为 17min（即 1020s），那么该学生的实验时间成绩为

$$X_t=\frac{1140-1020}{317.4}\times10+90\approx0.38\times10+90=93.8(\text{分})$$

若设 a 值为 0.7、b 值为 0.3 时，则该学生实验技能的评定成绩为

$$X=0.7\times85+0.3\times93.8\approx59.5+28.1=87.6\ (\text{分})$$

以上“植物细胞质壁分离及其复原实验的动作技能的评价指标及标准”及其分析总结摘录于《生物学教育测量与评价》（项伯衡和郑春和，2001），本书略有改动。

2003 年 4 月中华人民共和国教育部制订的《普通高中生物课程标准》在“评价建议”中指出，根据学生实际操作情况，可以利用实验操作检核表等工具来评价学生的实验动作技能。利用检核表评价动作行为时，要依次列出需要检核的项目及动作行为要点，然后，观察学生是否表现了这种行为，并予以记录。检核表的制作应以实验内容、实验步骤以及实验操作要求为依据。

4. 学生实验评价案例

案例 1　探究能力的评价

在教学中学生提出这样一个问题：植物不同部位或者不同器官之间在生长过程中有没有相互影响呢？据此可以设计一个探究性的课题来评价学生的探究能力。

1．探究课题

探究植物生殖器官对营养器官生长的影响。

2．评价方式

要求学生书面设计一个探究实验。

3．评价目标

《普通高中生物课程标准》中的探究能力目标：①客观地观察和描述生物现象；②通过观察或从现实生活中提出与生物学相关的、可以探究的问题；③分析问题，阐明与研究该问题相关的知识；④确认变量；⑤做出假设和预期；⑥设计可行的实验方案。

4．评价要点

（1）识别和定义问题并做出假设

- 认识并写出与问题有关的科学背景知识。
- 确定一个可以通过探究活动回答的问题。
- 根据对问题的研究，提出一种可检验的假设。

（2）构思解决问题的策略并制定实验计划

- 明确最初的假设。
- 陈述自变量和因变量的关系。

- 描述观察或测量变量的方法。
- 列出重要的步骤和材料器具。
- 实验是可以重复的。
- 指出实验的预期结果。

案例 2 “种子萌发环境条件”探究活动中学生参与度的评价

让学生在日常生活和观察的基础上提出种子萌发可能需要的环境条件，如水、空气、温度、阳光、肥料、土壤等。

设计实验，进行实验，收集实验数据和资料，总结出种子萌发必需的环境条件。教师和学生可以参照下列各项给予评价。

- 能否根据观察或生活经验提出问题，根据问题提出假设？
- 能否利用身边的材料设计探究假设的实验方案，包括设计对照实验？
- 能否按照实验计划准备实验材料，有步骤地进行实验？
- 能否按照实验操作的规范要求完成实验？
- 能否安全地使用各种实验器具？
- 能否实事求是地记录和收集实验数据？
- 能否分析实验数据的相关性并得出结论？
- 能否在探究活动中与他人合作和交流？

案例 3 “植物质壁分离与复原”实验操作检核表

班级：________　　被检核者姓名：________　　检核者姓名：________

检核项目	操作行为要点	检核记录
1. 检查材料器具	（1）检查材料器具是否完好齐备（紫色洋葱鳞茎、尖头镊子、载玻片、盖玻片、显微镜、滴管、吸水纸、浓蔗糖溶液、清水等）	
2. 洋葱表皮临时装片的制作	（2）用纱布清洁载玻片和盖玻片	
	（3）用滴管在载玻片中央滴一滴清水	
	（4）撕取一小片颜色较深的洋葱上表皮	
	（5）用镊子将撕下的表皮放在水滴中	
	（6）用镊子夹起盖玻片	
	（7）将盖玻片的一边先接触载玻片上的水滴，然后轻轻盖在水滴上	
3. 观察洋葱表皮	（8）将低倍物镜对准通光孔，根据光线选择适当的反光镜和光圈，获得明亮适宜的视野	
	（9）把做好的装片放在显微镜的载物台上，用压片夹夹好，并从侧面观察，将镜筒下降到适当位置	
	（10）通过目镜观察，旋转粗准焦螺旋使镜筒缓慢上升，直至看到物像。再旋转细准焦螺旋，进行微调，直至获得清晰的物像	

续表

检核项目	操作行为要点	检核记录
4. 观察质壁分离和复原	（11）取下临时装片，水平放在桌上。用滴管在盖玻片的一边滴加适量的浓蔗糖溶液，同时用吸水纸在盖玻片另一端吸水。重复上述操作，使洋葱表皮细胞浸润在浓蔗糖溶液中	
	（12）静止片刻，将装片放在显微镜下观察	
	（13）取下临时装片，水平放在桌上。用滴管在盖玻片的一边滴加适量的清水，同时用吸水纸在盖玻片另一端吸水。重复进行，使洋葱表皮细胞重新浸润在清水中	
	（14）静止片刻，将装片放在显微镜下观察	
5. 整理	（15）清除废物，清洁器具并放回原处，摆放整齐，桌面保持整洁	

案例 4　“认识保护生物圈的意义”系列探究活动中学生的综合评价

① 利用普通的纸板、凡士林等制作“空气尘埃测定板”，探究什么地点尘埃污染严重。

② 利用普通花盆、沙子、土壤及生活垃圾，设计实验探究哪些垃圾可能被自然降解，哪些垃圾不能被自然降解。

③ 学生在家长的帮助下收集和称量每天垃圾的质量，计算每人每周产生的生活垃圾量。估算一个城市或一个乡镇每周生活垃圾的总量。

④ 让学生设计问卷，调查每个家庭对生活垃圾中可再生利用的垃圾的处理方式，写出调查报告。

教师和学生可以参照下列各项给予评价。

- 能否积极主动地完成收集一周垃圾的任务？
- 能否实事求是地分析调查活动的数据？
- 能否独立思考，提出与他人不同的见解？
- 是否在调查报告中表现出对社区垃圾污染环境问题的忧虑？
- 能否在调查报告中积极提出垃圾处理方式的建议？

对于学生的其他特殊表现和行为习惯的重要转变也应给予相应评价。

6.4　生物学实验考核

生物学实验考核是生物学实验教学过程的重要组成部分，在实验考核过程中，应加强对实验操作技能技巧的严格训练，以免学生为了应付考试而死记硬背实验原理和实验现象，产生“高分低能”的现象。为了克服这种偏向，更好地达到实验教学目标，要建立考核内容全面、形式多样、方法适当的生物学实验考核制度，并使之规范化。

6.4.1　生物学实验考核的内容

为了使考核达到预定的目的，考核的内容应全面。生物学实验考核的内容可以分为实验准备、实验过程以及实验结果等方面的考核。

生物学实验准备的考核内容一般有实验知识的准备、实验方案的准备，有的也包括某些实验材料的准备，可以采用检查实验预习报告、口头提问、书面考核等形式。

生物学实验过程的考核内容有实验现象的观察、判断，实验基本操作技能，使用仪器设备的技能，分析解决实验中的问题，整理、分析统计、解释实验结果的能力，实验态度和实验习惯的考核等，可以采用口头考核、书面考核、操作考核等形式。

生物学实验结果的考核就是检查学生的实验结果，可以采用检查实验报告的形式，也可以采用口头提问、书面考核或者操作考核等形式。

6.4.2　生物学实验考核的方法

生物学实验考核的形式主要有以下几种。

1. 考查

考查是生物学实验教学经常进行的考核方法，常采取检查实验报告、实验预习报告以及实验课堂记录等，观察了解学生的实验态度、实验技能及对实验知识的掌握情况，并建立学生实验成绩考查记录卡及时进行记录。

2. 口头考核

口头考核是指利用口头提问，让学生回答关于实验原理、实验方法、实验步骤、仪器设备、实验材料和用具，以及实验现象和结果等方面的问题，或让学生介绍并说明实验方案的设计等问题。教师利用口头考核，根据学生的回答，很容易直接了解到学生对实验有关内容的掌握情况。

3. 书面考核

书面考核是指让学生解答实验试题，其内容包括实验原理、实验方法、仪器设备、实验材料的采集和处理、试剂选择与配制、实验操作、实验现象和结果等方面，以及进行实验数据处理、生物绘图等，或者进行综合性实验、设计性实验的方案设计等。教师采用书面考核，可以较全面地了解学生对某一实验的掌握情况。

4. 操作考核

操作考核是指让学生完成实验操作或者操作表演，教师或其他检查者记录各考核项目的实际情况，对学生进行基本操作规范考核及实验技能、实验设计能力、实验应用能力考核。

生物学实验的考核是一项非常复杂的系统工作，它涉及考核的目标、内容、方法、试题的设计、评分标准等问题，工作量大，任务艰巨。作为生物学教师，在实验考核中应进行大胆的探索研究，优化出切实可行的考核方法。考查和口头考核可以根据具体内容，在实验教学过程中随时进行；书面考核可以在教室或实验室内以教学班为单位进行；对于生物学实验教学中的操作考核，教师的负担重，考核需要的时间长。关于操作考核方法研究得较多，也取得了一定的经验。一般采用的方法有以下 3 种。

（1）由同年级任课教师共同主持考核　考核之前由所有的任课教师根据实验教学目的，共同确定实验考核内容，并设计好详细的成绩评定表格。这种方法适用于应考学生同时进行同一项较简单的实验操作，一般用于考查低年级的学生。由于考试成绩是由主持考核的教师亲自评定的，较准确可靠。每组应考学生人数应根据实验条件（实验室的大小、仪器设备的配套等）而定。

（2）由学生协助任课教师主持考核　由任课教师在每个教学班里挑选出 4～5 名对生物学有兴趣、实验能力强、学习成绩优秀、责任心强的学生（一般都是生物课外活动小组的学生），在考前先进行集中培训，使他们熟练地掌握本次考试中每道实验题的操作要领和评分标准。例如，表 6-7 是“观察植物细胞有丝分裂”实验中的装片制作考核评分细则。然后由教师指派某几个学生负责主考某一道题目，由他们自己互相进行考核，经教师认可后再由他们主持考核全年级的其他同学。

表 6-7 “观察植物细胞有丝分裂”实验中的装片制作考核评分细则

考核内容		考核标准及等级			得分
项目	满分	优良	合格	不合格	
清洁玻片	5	玻片清洁干净（5）	清洁过玻片，但未干净（3）	没有清洁玻片（0）	
滴水	5	水滴在正中，并不溢出玻片（5）	水滴在正中，但有少量溢出玻片（3）	水滴不正中，并有大量溢出玻片（2）	
根尖离碎	10	用镊子尖，根尖被离碎（8～10）	未用镊子尖，根尖被离碎（5～7）	根尖未被离碎（4）	
盖片	5	用镊子，无明显气泡（5）	用镊子，材料上无明显气泡（3）	用手，材料上有明显气泡（2）	
压片	10	细胞分散（10）	细胞稍有重叠（8）	细胞未被分散开（5）	

整个考核过程分 3 个步骤：①按考前编定的小组组织学生到实验准备室抽签，并作考前准备；②进入实验室相应的课题组进行实验操作，并口头回答一些跟实验操作有关的简单问题；③根据评分标准评定该学生的成绩。教师在整个考核过程中只作全面巡视，抽检考核质量，发现问题时及时进行纠正或小结。这种方法减轻了教师主持考试过程的负担，缩短了考试所需的时间，又有利于培养生物学爱好者。

（3）由学生自己互相主持考核　将每个教学班的学生分成若干个小组，每组 5～6 人，并指派一名责任心强的学生任组长，负责考核过程中的具体事宜。教师提前命好考核实验题目，并将每道题目的评分点、各评分点的正确操作要求和评分标准详细地编印成评分表，供学生在考核过程中评定成绩使用。考核开始时，由组长主持抽签，每人一道题，并规定一定时间让学生作考前准备，然后由组长安排考核的先后顺序。每位同学开始考核之前，组长便把该题的评分表发给其他几位同学，使他们事先熟悉该题的评分点和评分标准，开考后便由他们分别按该题的评分要求评定该考生的成绩，最后由组长统计出总成绩，由教师核准登记。

教师在考核过程中全面巡视，每组学生全部考完后，教师可针对在考核过程中所存在的问题及时进行小结。这种方法的优点是每位学生不但要应考一道题，而且还要负责评定同组其他同学的成绩，在评定其他同学的成绩时，自己对有关的实验操作也得到了复习和巩固。但个别学生有时评分不够准确，教师可根据巡视的实际情况进行最后核定。

在生物学实验教学中，为了保证操作考核的顺利进行，教师在考前必须做好组织工作，包括实验考核内容的确定、操作考核的具体要求、实验题目的代表性和难易程度、学生的组织工作等。

6.4.3　生物学实验考核成绩的评定及统计分析

1. 实验考核成绩的评定

以往的中学生物学实验考核，多数都限于书面考核，即通过书面形式对动作认知的考核，以此进行实验成绩的评定。这样评定的成绩，很难准确体现学生的实验技能。随着新课程的改革和新课程标准的颁布，中学生物学实验的考核应采用多种不同的形式，其成绩的评定方法也是多种多样。实验考核成绩的评定一般由平日考查成绩、口头提问成绩、书面考核成绩、操作考核成绩等项进行总评，教师可以根据实际情况，对各项的成绩分别赋予一定的权重。每学期实验结束后，教师应及时地进行生物学实验考核成绩的评定。计分方法可以采用百分制记分法，也可以采用等级记分法。但要注意的是，进行成绩的评定应客观、公正，决不能凭主观或感情因素而放宽或提高评分标准。否则，就不能客观公正地评定学生成绩，也就不能充分发挥实验考核的作用，有时甚至会带来负面影响。

2. 实验考核成绩的统计分析

实验考核后，也要对学生的考核成绩进行统计分析，编制出总结报告。具体应做的工作有以下几个方面。

① 统计平均分和标准差。

平均分的求法：$\overline{x}=\frac{\sum x}{n}$，其中$\overline{x}$ 为平均分，$\sum x$为所有考生分数总和，n为考生人数。

标准差的求法：$s=\frac{\sqrt{\sum(x-\overline{x})^2}}{n}$，其中$s$为标准差，$(x-\overline{x})^2$为每名学生分数与平均分之差的平方，$n$为考生人数。

一个班级分数高低越不整齐，其标准差越大；反之，分数越相接近，其标准差越小。一个班级内学生的实验能力水平是否整齐，可以用标准差来衡量。

② 绘制正态分布曲线图。统计全体学生的实验考核成绩，制作成绩分布表，并按此表绘制正态曲线图，以了解学生总的实验考核概况。

③ 分析学校、年级或班级学生总的实验考核情况。

④ 对个别学生考核成绩进行分析。分析个别学生的考核情况，便于进行个别辅导，帮助学生提高实验能力。

⑤ 依据上级管理部门的要求，编制实验考核分析报告。

⑥ 向学生及其家长报告其实验考核成绩。报告时，应慎重选择好报告的形式、时间、地点及报告的具体内容。报告不当，会产生许多副作用，所以要仔细研究、仔细推敲。要使考核成绩报告有助于学生今后实验成绩及能力的提高，而不是将它当成惩罚学生的手段。

总之，认真做好学生实验考核成绩的评定及统计分析工作，对于调整和改进生物学实验教学，提高学生参与实验的积极性，指导学生学习，提高实验教学质量都有着重要意义。

思　考　题

1. 生物学实验教学评价有什么作用？
2. 可以采用哪些形式进行生物学实验教学的评价？
3. 进行学生实验教学评价时，应主要评价哪些方面？如何评价？
4. 对于生物学实验考核，你认为采用哪种方法比较好？为什么？

第 7 章　生物学实验教学材料的采集制作

内容提要： ①生物学实验教学材料的采集；②生物学实验材料的培养；③生物标本的制作。掌握生物学实验材料采集、培养和生物标本制作的方法。

实验材料是决定生物学实验教学能否开展以及开展效果如何的一个非常重要的因素。实验材料除了购买外，很多都可以自己动手采集、培养，有些还可以制成标本保存，丰富实验资料，并供长期使用。这样既保证了实验教学的顺利进行，也节省了经费。但在中学生物学教科书及其参考书中，对某些实验所需材料的采集、培养介绍得比较详细，而对有些实验所涉及的有关信息却介绍得不够具体。在大学教育中，这些内容因为没能形成较为独立的学科，也往往被教师忽略，不作为重点内容，或者在进行有关的实验时由教师代做，学生只学习怎样实验，不学习怎样准备实验（实验材料的采集、培养等是准备实验的内容），从而造成这些知识的欠缺。给中学生物学教师开展实验教学以及有关的“实习”“探究”等活动带来诸多不便。所以，本章分别介绍生物学实验教学材料的采集、培养与制作标本，为中学实验教学的开展以及教师开展专业研究提供参考资料。

7.1　生物学实验教学材料的采集

7.1.1　植物材料的采集

1. 藻类植物的采集

藻类植物一般分为淡水藻类和海产藻类。由于它们生活环境不同，采集方法也不同。

1）淡水藻类的采集

淡水藻类分布很广，多数生活在各种水体中，有些则生活在土壤表面、树皮、墙壁、花盆壁上，极少生活在高山积雪上，少数与其他植物共生或寄生。这些藻类植物主要分为浮游藻类、固着藻类及漂浮藻类三类。

（1）浮游藻类　　一般藻体微小，漂浮在水中，如蓝藻、绿藻、硅藻、甲藻、黄藻、衣藻、小球藻、裸藻等。若水面较大且深，用 25 号生物网在水中呈“∞”

形来回搅动，然后将网垂直提出水面，打开网底的阀门或网底小瓶的瓶盖，将收集到的标本液注入标本瓶中。采集衣藻、小球藻可用此法。若水较浅、泥沙较多（如浅水池塘或沟渠中）时，用大杯子取水倒入网内，倒时应缓慢，以防小型藻类从网中漏出。采集裸藻多用此法。在很浅的水中，可直接用适宜的标本瓶灌入，或用吸管吸取，再移入标本瓶。对于附着在泥土或岩石上的硅藻，用吸管吸取时尽量少带些泥沙，以免影响观察。

标本液以不超过标本瓶容积的 1/3 为宜。如需观察有鞭毛藻类植物的运动，可不加固定液，但放置时间不宜过长，一般不超过一天。标本带回实验室后，将瓶盖打开。若要保存标本，采后应固定。

（2）固着藻类　有固着器或假根，生活在石头、水生植物、泥底或其他物体上，如轮藻、刚毛藻、丝藻等。它们的藻体较大，可用镊子直接夹取，但为了保存标本的完整，也可用刀将其刮下，或将着生的小石块或其他物体一并采集。生活于泥底的藻类，如轮藻，可将其从泥中挖出，洗净污泥，装入瓶中。冰雪中的藻类，可用小铲连雪一同铲取，立即放入盛有 8%福尔马林固定液的标本瓶中。

（3）漂浮藻类　如水绵、颤藻等，常漂浮在水面，可用镊子或小网捞取。

以上藻类植物采到后都应及时编号，再把标本连同号码一起放入标本瓶或包入纸内，同时还要做详细记录。浮游藻类的记录可参照表 7-1。

表 7-1　浮游藻类采集记录表

样品编号：________________	采集水体环境：________________
采集地点：________________	采集日期：______年______月______日
水层/m：________________	水温等：________________
采集工具：________________	采集人：________________
中名：________________	拉丁名：________________

2）海产藻类的采集

海藻的采集需注意潮汐的时间。海水每天上潮两次，白天上潮称为潮，晚上上潮称为汐。海崖受潮汐影响的地带，称为潮间带。潮间带可分为潮上带、高潮带、中潮带、低潮带及潮下带。潮间带的宽窄，取决于海滨的地形和倾斜度，倾斜度越小，潮间带越宽，反之则越窄。

潮上带是最高潮水线以上，海水淹不到但浪花可及的地带；高潮带是小潮高潮线与大潮高潮线之间的区域；中潮带是小潮高潮线与大潮低潮线之间的区域；低潮带是小潮低潮线与大潮低潮线之间的区域；潮下带是大潮的最低线以下的区域，即大潮落后仍留在水中的地带。

在海藻生长的旺季，当大潮落后，可看到在潮间带区域自然形成的海藻垂直分布：潮上带只生长少量蓝藻和溪菜等；高潮带一般为石莼、浒苔、礁膜等绿藻，也有紫菜和海萝等；中潮带一般为绿藻的石莼、浒苔、羽藻，红藻中的海索面、江蓠、蜈蚣藻，叉枝藻中的萱藻、马尾藻、囊藻等；低潮带多生长马毛藻、绳藻、网地藻等，也有刺松藻、石花菜等；潮下带多为海带、裙带菜、海头红、石花菜等。

海藻全年可采，但 4～5 月是海藻生长旺季，此时采集种类多、数量大。因潮汐的关系，每月只有两次最适宜的采集时期，即农历初一至初三和十五至十八。采时，可从退潮开始，随潮水退落，逐渐向下采集。这样可延长采集时间，若等退完后再采，时间就不充足。

采集时，要注意观察海藻的生活习性和环境；采集的标本要完整，颜色好，生长正常，且带有生殖器官；固着在岩石上的要用锤和凿取下固着器，尽量保持完整。对于易腐烂的海藻，如绒线藻、细小的水云，以及死后放出硫化物的酸藻，应单独存放在塑料袋或瓶中。采集时要做详细记录，包括时间、地点、环境、生活状态、气候、颜色、质地、中文名、拉丁名等。

2. 实验常用真菌的采集

1）水霉的采集

水霉是淡水养鱼业的一大病害。常寄生在鱼的鳃盖或破伤处以及鱼卵上，也腐生于死鱼和其他动物尸体上。采集时可到渔场，寻找被寄生的鱼体作为标本，浸泡于 5%甲醛溶液中保存。

2）大型真菌的采集

（1）地生菌类的采集　一般来说，生于土地上的伞菌类或盘菌类，可用手轻轻捏住菌柄的基部，缓慢地旋转菌体并将其拔出，尽量带出地下部分。如果有些菌柄在土中埋得很深，尤其有些伞菌、盘菌和腹菌的基部有菌索伸入土中，应用掘根器将其一起挖出。采集时要注意标本的完整性，不要损伤任何一部分，如菌环、菌托、盖面及菌柄上的绒毛和鳞片、菌幕残片、丝膜属的丝膜等都应保存完好，否则将给标本的鉴定工作带来麻烦，甚至导致鉴定错误。伞菌类尽量将菌蕾、未开伞的幼体以及开伞的成熟担子果采全，以便说明其发育的过程。有些菌类的盖面上附着一些落叶和小虫等，切勿弹掉。

（2）木生菌类的采集　许多真菌生于生活的或腐朽的树干上，可用刨根器或手锯来采集，采集时尽可能将基物的一部分和标本一起采下来。

3）注意事项

为使采得的标本不受损伤，需做临时处理。

① 肉质、胶质或软骨质的标本需放在用光滑而洁白的纸叠成的漏斗形纸袋中，菌柄向下，同时放入号牌，包好后放入纸盒中。对稀有和珍贵的标本，或易压碎的标本，以及速腐性种类，可将包好的标本放入纸盒内，周围用松软的树叶或苔藓等填充，在纸盒壁上穿些孔，用以通风。有些寄生菌类的标本，必须连同寄主一起采集，一起放入盒内。

② 小型菌类如虫草等可直接放入指管内，避免损坏遗失。

③ 木质、木栓质、革质和膜质的标本，采集后可用旧报纸分别包好，同时拴好标本号牌。

采集标本时，一般都要对产地、生境、生活状态等进行野外记录。

3. 地衣的采集

采集地衣，不受季节的限制，一年四季皆可，除有些通常不产生子实体的种类外，一般可在全年任何季节采到子实体和子囊孢子。

石生地衣须用锤子或凿子敲下石块，或者用采集刀逐渐剥离，避免标本受到损伤。土生地衣应用刀连同一部分土壤一起铲起，放入小纸盒中以免散碎。树生的可以用刀连同树皮一起割下，有些可以剪折一段树枝，以保持标本的完整。枝状地衣以假根或脐固着在基质上，可用采集刀轻轻从基质上剥下。

有些地衣在晴天时易失水变脆，采时容易破裂，可用随身携带的水壶将地衣喷湿，等变软时再采集。采到的标本应根据不同质地分别包装，如易碎的标本，应装入纸盒或铝制饭盒中保存；叶状地衣，应视其大小选用适当的纸袋，不要折叠以免破碎，也可趁其湿润时，放入标本夹内压制；枝状地衣一般装入纸袋中即可。如需制片可在野外将其固定在福尔马林-乙酸-乙醇（F.A.A）溶液中。

采集地衣标本时，重点记载地衣体的尺寸大小、直径、颜色、生态环境、基质、采集地点、海拔高度、采集者姓名、标本编号等。

4. 苔藓的采集

石生苔藓如泽藓、黑藓等，可用采集刀刮取。树生种类，可用采集刀连同一部分树皮或枝干一起刮下。土生种类最多，如角苔科、地钱科、葫芦科等可用采集刀连同着生的土壤一起铲起，然后去掉多余的土壤，将标本装入采集袋中。水生苔藓如水藓、泥炭藓等可直接用手或采集刀采集，漂浮种类也可用网捞起，晾去浮水后，放入标本夹中，压干、压平。

在采集苔藓时，应尽量采集具有孢子体特别是具有成熟孢蒴的植株。如果采集季节不合适，则应在适当季节补采。

对于所采集的标本，必须详细记录其地点、生境、生活型、颜色、物候期、植物群落。若是树生种类，应记载树种名称，并在纸袋上编号，其序号应与记录本上一致。

5. 蕨类植物的采集

蕨类植物大多数生长于山沟、溪边较阴湿的环境，有些甚至生长在水中，但也有少数种类性耐干旱，如卷柏。

采集时要首先观察和记录其生活环境，要特别注意采挖其根状茎，它是分类鉴定的重要依据；二型叶的类型要注意采全孢子叶和营养叶；阴湿环境中的原叶体，采后应单独存放，并立即挂上号牌；尽量采集具孢子囊的植株。

（1）问荆（*Equisetum arvense*）　多生于较干旱的山坡荒地及路旁，但它的生殖枝及营养枝不同期出现。采集生殖枝需在早春，用掘根器连同地下的根状茎一起采出，夏季再采集其绿色的营养枝。

（2）蕨（*Pteridium aquilinum* var. *latiusculum*）　喜生于较干旱向阳的山坡、草地等处，它的孢子囊群生于营养叶的边缘，一般在夏季才出现，所以采集时应注意其发育时期，尽量采集生有孢子囊群的植物体。

（3）附生的种类　应用采集刀将整个标本采下，若附生于树干上，可适当将树皮连同该植物体一起采下。

（4）水生蕨类　如满江红（*Azolla imbricata*）和槐叶萍（*Salvinia natans*）等，可参考藻类标本的采集法，用小纱网将标本捞起。

6. 种子植物实验材料的采集

1）各种组织材料的采集和制备

植物组织根据其形态结构和功能不同分为：分生组织、保护组织、薄壁组织、输导组织、机械组织和分泌组织。

（1）分生组织　黑藻茎的顶端部分是研究分生组织最方便的材料。可以在秋天将采到的黑藻枝条保存于 70%乙醇中，也可以于冬季在鱼缸中培养出新鲜的枝条。

取黑藻茎的顶端部分，用解剖针慢慢地把分布于茎的最顶端的叶除去。然后，把去掉叶的茎顶端置于载玻片上面，轻轻加压，将生长锥微微压扁，使细胞与载玻片的平面贴紧，便能清楚地观察到分生组织。如果观察时分生组织不明显，可在标本上加一滴水合三氯乙醛，使它透光。另外，观察分生组织，小麦和洋葱根尖也是很好的材料，在此不一一叙述。

（2）保护组织　观察植物的保护组织，可选用各种植物的叶表皮。例如，用天竺葵。摘一枚天竺葵的叶片，小心撕下下表皮。下表皮在空气中会卷缩起来，应立即将它放于载玻片上的水滴中，用解剖针将其展平，盖上盖玻片即可观察。

（3）薄壁组织　观察薄壁组织，可选择白菜帮、向日葵茎（或其他双子叶草本植物的茎）、玉米茎秆等。选择较厚的白菜帮，自茎部做横切徒手切片，镜检观察，可见它的上表皮内充满大量薄壁组织。

另外，如用向日葵做材料，可做茎的横切徒手切片，镜检观察，可见向日葵最外层为表皮，表皮层下有多层厚角组织，在厚角组织内可见大型薄壁细胞，即薄壁组织。向日葵茎的中央髓部也是较典型的薄壁组织。如用玉米秆茎，取新鲜的玉米秆剥皮后露出瓤部（即薄壁组织中埋有多数星散排列的维管束），做瓤部徒手横切切片，镜检观察，也可见到大量的薄壁细胞。

（4）输导组织　输导组织根据运送物质的不同，可分为两大类：一类是输导水分和矿物质的导管或管胞，另一类是输导有机营养物质的筛管。

① 导管。选择较老的白菜帮，将其纵向扯破，可见其内部薄壁组织中贯穿着多条黄绿色的“筋”（即叶脉维管束），沿叶脉将白菜帮扯开，然后挑取一小段叶脉置于载玻片上，用小刀或铁镊柄部将其压扁、压散，用盐酸-间苯三酚染色制片，镜检观察，可见多条着红色的导管，旁边夹杂一些薄壁细胞，调节显微镜可清楚看到导管次生壁不均匀加厚的各种花纹。

② 管胞。取松茎木质部的纵切面刨花，置于载玻片上，用盐酸-间苯三酚染色，镜检观察，可见松茎木质部的输水组织全为孔纹管胞。

另外，也可用离析法观察松的管胞：取长约 5mm、厚约 1mm 的松木或柏木一小块，放 1∶1 的 10%硝酸和 10%铬酸混合液中，置于温暖的地方 1～2d，用清水冲洗干净，然后用针挑碎，制成玻片标本观察即可。

③ 筛管。取长约 0.5cm 的南瓜茎，纵切成许多薄片，置于固定液中（可用 F.A.A 固定液），1d 后取出，用清水冲洗数次后移入分离液中（铬酸 2g 加浓硫酸 8ml、浓硝酸 3ml，加入 89ml 水中，或用 1∶1 的 10%铬酸和 10%硝酸混合液）。浸数小时后，将材料置于载玻片上，用清水冲洗数次，用镊子撕成碎片，用番红、苯胺蓝二重染色法制片，镜检观察，可见被染成红色的各种导管，在导管两侧寻找，可见有蓝色的筛管。

（5）机械组织　常见的机械组织有厚壁组织和厚角组织两种。

① 厚壁组织。取一段亚麻茎浸在 10%的氢氧化钾溶液里。10d 后取出，用水冲洗干净，放在载玻片上用解剖针挑开，分出单个韧皮纤维，放在另一载玻片上，加一滴碘-氯化锌溶液染色制片，在显微镜下观察即可见厚壁组织的一种——纤维。

取梨果肉中的“砂粒”（石细胞群），置载玻片上，用解剖刀压碎，加一滴清水封片，镜检即可看到厚壁组织的另一种——石细胞。

② 厚角组织。取蚕豆茎做横切徒手切片观察，可见蚕豆茎的横切面为方形，其茎的棱角部分的表皮以内具有多层角隅加厚的活细胞，即厚角组织。若用向日葵茎作为材料，可见圆形的横切面的外围皮层部分具有多个辐射的棱角，在每个棱角外围的表皮以内的部分有多层厚角组织。

2）蜡叶标本材料的采集

（1）采集方法　种子植物的采集要特别注意其标本的典型性和完整性。所谓典型性是指所采标本要具有明显的分类特征，在同种植物中有较强的代表性。所谓完整性，是指整株标本的根、茎、叶、花、果俱全。特别是花、果是鉴定种类的主要依据，遇到尚未开花结果的植株，应先采下植株，留下标记，记下采集地点，待有花、果时再补齐。

对于地下部分有突出特征的植物，如百合科、石蒜科、天南星科、旋花科等，应注意采集这些植物的鳞茎、块茎、根茎、球茎、块根、圆锥根等，它们是鉴定物种的重要依据。

遇到雌雄异株的植物，应分别采集雌雄株。草本植物的茎生叶和基生叶不同时要注意采集基生叶，如茵陈。有些植物老枝和新枝的颜色和叶形不同，或新生叶与老叶不同。先叶开花的植物，先采花枝，待长叶结果时再采带叶枝，如杏、桃等。水生柔弱的植物，采后可参照海藻处理。寄生植物如菟丝子等采集时要把寄主一并采下，并注明关系。

（2）某些标本的野外处理　一般的植物标本，按照上述方法采集后，便可进行压制，但有些特殊的种类必须经过预先处理后再压制，才能得到较理想的标本。例如，景天科、马齿苋科植物，体肉质、生命力很顽强，直接压入标本夹中，还会继续生长，必须将其杀死后再进行压制。预处理方法有以下两种。

① 用沸水杀死。将要压制的标本置于沸水中略烫片刻，时间应视植物具体情况而定，过短则达不到杀死的目的，过长则植物变软，不易成型。

② 用乙醇杀死。将植物标本置于医用乙醇中，片刻捞出，再压制，也可达到同样的效果。某些裸子植物如云杉属、冷杉属、铁杉属的标本在压干后，其叶片基部产生“离层”，极易脱落，只有经过预处理才能保持住叶片，方法与上述相同。

（3）野外记录　采集标本时，要进行编号和记录。小标签上只编号，并挂在采到的标本上。用专用记录本对产地、生活环境、性状、花的颜色、采集日期等做详细记录，这对标本的鉴定和研究有很大帮助，一份没有记录的标本是没有科学价值的。

7.1.2　动物材料的采集

用于实验教学和标本制作的动物材料，许多是从野外自然环境中直接采集来的，有少数是通过人工培养或饲养得到的。由于动物种类多，生境各异，所以采集方法各异，并需到动物栖息和活动的各种场所去寻找。下面介绍一些常用实验动物材料的采集方法。

1. 草履虫的采集

草履虫是最常见的原生动物。在单细胞动物中，体积及结构复杂，是探讨动物行为和生长发育的良好材料。所以经常被用于动物学实验和原生动物研究。草履虫生活在含有大量腐殖质而静滞的水沟或水池里，以细菌等小生物为食，在温度适宜的条件下，它们常常集聚在水的上层。采集时，到有机质丰富且不太流动的污水、河沟或池塘里，用广口瓶从表层取一些水，向光观察，如果发现其中有针尖大小的小白点在游动，这可能就是草履虫和其他原生动物，可以采回来。

2. 变形虫的采集

变形虫也是一种原生动物，在动物学的教学中，都要用淡水变形虫做实验的材料。变形虫多生活在较为清澈的水质中，附着于泥底和腐烂的荷叶、树枝、水草或浮在水面的泡沫上。采集时，用吸管吸入烧瓶内，或连附着物一并采集。

3. 水螅的采集

水螅是腔肠动物门的代表动物，研究腔肠动物时常以水螅作为实验材料。水螅孳生在水流缓慢、洁净而富有水草的溪流及池沼中，以其基盘附着在水草、石块或水中的其他物体上。比较可靠的采集水螅的方法是用一个大试管或小广口瓶，就地观察，然后采集：先将大试管或小广口瓶盛满池水，再放入几根水生植物（如水王孙、金鱼藻等），静待片刻，对着光线进行观察。如有水螅附着在水生植物上，很快就会伸展，肉眼看得很清楚。这样重复检查几次，就可以大概知道此处是否有水螅生存、它的数量如何，然后再进行大量采集。采集时要连同附着物一并采之。采集季节以春末、秋初为宜。

4. 真涡虫的采集

真涡虫属于扁形动物，常栖息于山涧溪流中，喜在水质清洁、含氧量高的水质中生活。白天常几个一起聚集在石块或其他物体下面，主要以小型蠕虫、甲壳动物以及一些昆虫幼虫为食，也食鱼鳃和动物内脏。采集时可以携带柔软的毛笔、广口瓶及诱饵（鱼鳃、猪肝等）。在溪流中先将石块翻转，当看到真涡虫时，用毛笔轻轻移入盛有溪水的广口瓶中即可，也可连同石块一起放入瓶中，要获得较多的真涡虫，可将诱饵置于石块下，以防被水流冲走，半小时左右，就可诱到较多的真涡虫。

5. 蚯蚓的采集

蚯蚓白天穴居在潮湿肥沃的表层土壤中，一般都夜出活动，以腐烂的有机质和垃圾等物为食物。主要靠体壁吸收溶解在水中的氧气呼吸。苗床或菜田浇水后，或连阴雨天气，由于地下隧道、洞穴缺少氧气，有时灌进水分，直接阻碍蚯蚓的呼吸，因而竞相出穴在苗床土面或在菜田中爬行。在干燥的天气或季节，蚯蚓潜伏在地下深处休眠。在阴雨天或农田、菜地灌水后到有机质丰富的地方即可找到，晴天时应到有机质丰富的农田、菜地用锹挖。

6. 赤眼蜂的采集

赤眼蜂虫体微小，仅 0.3～1.0mm，触角膝状，复眼红色，前翅翅面上有细毛，后翅狭似刀状。寄生于松毛虫、稻纵卷叶螟等昆虫卵内，是用于生物防治害虫的卵寄生蜂，也是教学中典型的实验动物。采集时，将松毛虫等害虫的卵及其附着物一同采回放入玻璃管内，并放入一块湿润的棉球，保持湿度，管口再松松地塞上一块棉花，收集卵里孵化出来的赤眼蜂。

7. 褐云玛瑙螺的采集

褐云玛瑙螺又名非洲蜗牛，是一种陆生贝类，是全世界 80 余种蜗牛中个体最大的一种，生长很快，因此常被作为动物学实验的良好材料。褐云玛瑙螺主要取食各种蔬菜、粮食等农作物，也取食甘蔗、甘薯、芭蕉叶、麻、烟草等。多栖息在菜地、果园、公园。当气候干燥，环境不适宜时，则躲在叶腋、树洞、石缝或石块下，有时也躲在松软湿润的泥土里。根据食性在其栖息地即可采集到。

8. 鼠妇的采集

鼠妇又称"潮虫"，在南方也叫"西瓜虫"，属节肢动物门甲壳纲潮虫亚目。它们身体大多长卵形，背腹扁平十分显著；常能卷曲成团，是甲壳动物中唯一完全适应于陆地生活的动物，从海边一直分布到海拔 4700m 的高地。但它们都需生活在潮湿、温暖以及有遮蔽的场所。若室内、外温度在 25℃左右，在房前屋后的石块、瓦砾下面、花盆里、花坛内均可以找到；若温度低于 25℃或在 0℃以下，选择温暖的花窖、家庭的下水道旁边、平房的厨房地砖下面或菜窖内进行收集。

9. 水蚤的采集

水蚤是甲壳纲动物，常被用来喂金鱼，因此又被称为鱼虫。水蚤身体透明，长约 5mm。常生活在水草茂密的湖边、水库边、鱼池、水塘中，可用纱布网捞取。

10. 昆虫的采集

1）配制毒瓶

在市售的毒瓶底部放入海绵或棉花，滴入一些乙醚或氯仿，或敌敌畏。

2）捕捉

用手握紧捕虫网柄，网口对准飞来的昆虫，迎头兜捕。待虫入网后，迅速扭转网口，使网底叠在网口上方，昆虫就不会逃脱。草丛中的昆虫，可以用捕虫网在草丛中挥扫捕捉。蛾类多数夜晚活动，可以在野外点灯诱聚，再用网捕捉。飞行较少、行动缓慢的昆虫，可以用镊子或手捕捉。

7.2 生物学实验教学材料的培养

7.2.1 几种常见藻类的培养

1. 衣藻的培养

1）藻种的采集和分离

春末或秋初，在气温10～20℃时用浮游网采回衣藻，镜检后倒入标本瓶内，置于20℃左右的见光处。几小时后，可见瓶壁与水面交界处向光面有一绿线，用吸管自绿线处吸取绿液，一般可得到衣藻的纯群。

2）培养液的配制

（1）白菜汁培养液　最简便的培养液是榨取白菜叶的汁液，将其稀释至5%，煮沸消毒，冷却后即可接种。

（2）土壤浸出液　取有机质较丰富的菜园土或腐殖质土500g，加水1L浸泡48h，澄清。取上清液装入烧瓶内，置火上烧至沸腾，静置1d，次日再煮沸一次，或将烧瓶置高压灭菌器中，以15磅（1磅=0.4536kg）压力灭菌15～20min，即得原液。此原液加3～5倍蒸馏水，即可用于接种培养。

（3）克诺普氏培养液（Knop's solution）　先洗净两个1000ml的广口瓶，然后分别注入500ml蒸馏水，其中一瓶内放入硝酸钙4g和硝酸钾1g；另一瓶内放入硫酸镁1g和磷酸氢二钾1g。待溶解后，再将两瓶溶液混合，并加入一滴1%氯化铁，经高压灭菌，冷却后即可用于接种培养。培养时，氯化铁要每隔15d补充1次。以上各种培养液也适用于实球藻和空球藻的培养。

3）接种培养

将衣藻纯群接种到培养液中进行培养，可得到大量活体衣藻纯群，以作实验教学观察用。

2. 小球藻的培养

小球藻喜生于含有机质较高的淡水池塘中，比较容易培养。

（1）天然池塘水培养法　将野外含有机质较丰富的池塘水带回，烧至沸腾，放凉后，即可将含有小球藻的水液注入。每天搅动一次，不久，水质变绿。如果长期培养，可适当放些有机物质，如洗鱼或洗肉的水，但量不宜太大。

（2）四号培养液培养法

硫酸铵［$(NH_4)_2SO_4$］	0.2g
过磷酸钙［$Ca(H_2PO_4)_2$］	0.03g
硫酸镁（$MgSO_4$）	0.08g

碳酸氢钠（$NaHCO_3$）	0.1g
氯化钾（KCl）	0.025g
土壤浸出液	0.5ml
三氯化铁（1%的 $FeCl_3$ 水溶液）	0.15ml
蒸馏水	1000ml

将此液配好后，即可接种培养小球藻。

3. 团藻的培养

将土壤浸出液或池塘水（最好是采集团藻标本的池塘水）经煮沸或高压灭菌后，放置冷却，把含有团藻的水液倒入进行培养。团藻喜温凉的水域，最适合的培养温度在 8～20℃之间。生长期较短，一般在适宜的温度下，一周内繁殖得较好，第二周繁殖得最快、数量最多，到第三周逐渐衰退。因此，在每个培养缸中培养两周后就要转接到其他较大的容器内。

4. 水绵的培养

水绵可用土壤浸出液、天然池塘水培养，也可用下列配方制成的培养液培养。先将硝酸钾（KNO_3）、硫酸镁（$MgSO_4\cdot 7H_2O$）、磷酸氢二钾（K_2HPO_4）各 1g 溶于 1L 水中，再加入硝酸钙［$Ca(NO_3)_2$］3g，最后用两倍水稀释即成。

将采来的水绵放入，培养数日后，再将水绵移至盛有河水、雨水或自来水（需在容器内静置 1～2d）的容器内，在日光下曝晒 4～5d 后，即可见到接合生殖的水绵。此时藻体呈现黄绿色，形成结合子后转变成棕黄色。

7.2.2　常见真菌的培养

1. 水霉

将死的苍蝇、蜂类、小鱼、鱼卵等置于培养皿中，加入天然水池中的水，在室温下一周后即可见到动物尸体表面生满白色菌丝。也可将上述动物尸体放入藻类培养缸中培养，几天后在白色菌丝的顶端长出棍棒形的游动孢子囊。如果观察水霉的精囊和卵囊，还需要特殊培养。①将玉米面加热煮成黏稠状，约 20min 后，放入培养皿中冷却，然后将生满白色水霉菌丝的昆虫尸体置于其上，加池水至淹没虫体，4～5d 后上面就可长出精囊及卵囊。②将生长旺盛的水霉菌丝移入 0.1%的胰岛素中，24h 就可以产生性器官。可将培养出的标本保存在 5%甲醛溶液或 F.A.A 固定液中。

2. 根霉

根霉又称面包霉，是最常见的藻菌纲真菌。常生长于馒头、面包、水果上，使食物腐败变质。将上述食物在空气中放置几天，便可自然生出根霉。或在培养皿的底部铺上几层湿透的滤纸，将上述食物置于培养皿中，盖上盖，置于温箱中保持 25～30℃，或置于温暖而避光处，3～4d 后，可在馒头等食物表面生出白色菌丝体。将菌丝体用镊子或解剖针挑起置载玻片上，用水封片，即可观察。注意：如果培养时间过长，孢子囊破裂，孢子放散出来，将影响观察效果。

3. 酵母菌

① 实验前 3～4d，将一小块做馒头用的面肥溶于水中，取溶液 5ml，加入少量水果汁及糖，放在 25～30℃的温箱中，培养 2～3d 后，试管内就会产生大量酵母菌和乙醇。若在培养液中加入巴斯德溶液，酵母菌将发育得更好。

② 取市售鲜酵母或干酵母粉少许，溶于水中，并适量加入蔗糖（2%即可），置于 25～30℃温箱中培养 2～3d 即成。

③ 将葡萄皮、苹果皮、菜叶等放入含有少量蔗糖的水溶液中，置温箱或温暖避光处培养。

4. 青霉

分布广，多生于水果、蔬菜特别是柑橘类的果实上。培养时，取新鲜橘子皮或干橘皮浸湿、泡软，在空气中暴露一段时间，然后置于垫有湿滤纸的培养皿中，放温箱（25～30℃）或室内温暖避光处培养 3～4d，即可见到表面长出白色菌丝，不久即变成绿色。用解剖针选取白色菌丝体，用 5%的 KOH 溶液封藏，即可置于显微镜下观察。在显微镜下观察时，不要用呈绿色的菌丝体，因为分生孢子已大量散发，会影响观察效果。

7.2.3　苔藓植物原丝体的培养

将硝酸钙［$Ca(NO_3)_2$］1g、硫酸镁（$MgSO_4$）0.25g、氯化钾（KCl）0.25g、磷酸二氢钾（KH_2PO_4）0.25g、硫酸铁［$Fe_2(SO_4)_3$］微量溶于 1000ml 水中，再配成 2%琼胶溶液，置于培养皿或粗试管中制成斜面，再将苔藓孢子洒在上面，置 20～25℃温箱中或室内温暖处，约两周后，即可得到绿色的原丝体。

7.2.4　蕨类植物原叶体的培养

蕨类的原叶体在野外不易采到，为了系统观察其生活史，必须做室内培养。具体方法是：将瓦片扣在小盆或玻璃缸内，凸面向上，再向缸内注水，使水面浸没瓦片的下缘，瓦背仍暴露在空气中，使瓦片始终保持湿润状态。将蕨类植物的孢子撒布在凸起的瓦片上，缸口加盖用以保湿、保温。培养缸放在阴暗而潮湿的地方，2～3 周后，即可生长出小的叶状体，即蕨类植物的原叶体。

7.2.5　变形虫的培养

1. 麦粒培养法

取小麦数十粒，置于烧杯内，加少量水煮沸 5～15min，保证麦粒煮后胀而不破，然后再加蒸馏水 1000ml，分别倒入数个洁净的培养皿中，每个培养皿内放麦粒 3～5 粒，放置数天，然后将分离的变形虫接种至此培养液中进行培养，一般一周后即可长出很多变形虫。假如要连续进行培养，必须定期添加培养液，更换麦粒。

2. 稻草培养法

取稻草 8～10g，剪成 2cm 长的小段，加水 1000ml，煮沸 10～15min，冷却后，置于培养皿中，隔数日再接种培养。

7.2.6　草履虫的培养

稻草培养法：选取洁净的稻草，剪成 2cm 长的小段，取 10g 左右置于 1000ml 水中（最好是自然水），煮沸后烧煮 10～15min（在煮沸过程中，由于部分水会蒸发，要及时补充到原水量），使稻草液成黄褐色茶水状。自然冷却后，静置 1d（使培养液中细菌自然繁殖），即可进行接种培养。

在实验课上常需要观察草履虫的分裂生殖和结合生殖。草履虫以横二分裂方式进行无性生殖，在 24～27℃的稻草培养液中培养时，一般每天分裂一次。欲较快获得分裂个体，可将培养原液放在培养皿中，加一小块腐败的面包或馒头，培养十余小时，即可在显微镜下看到较多的新生个体。如果把培养原液经离心沉淀集中，用吸管吸出，加 10 倍水进行培养，1d 后检查，就能发现较多的草履虫接合体。

7.2.7　水螅的培养

1. 培养水

最好是用清洁的自然水，如自然水源有困难，非用自来水不可的，则应将自来水置于培养缸中，里面放些水草，一周后才可使用。若经过上述处理后仍出现水螅死亡时，应考虑调换水源。

2. 饵料

饲喂水螅的饵料，以水蚤和剑水蚤为最佳，这些饵料常可在池塘和溪流中用纱布网捞取，饲喂前必须冲洗干净或先养在培养缸中，再用吸管吸取活体，投入水螅的培养缸中，饲喂后次日应将死虫用吸管吸出，以免污染水质。一般每周饲喂 2～3 次即可，每次喂量也不宜太大。

3. 管理

水螅喜欢清洁、含氧量高的水，如发现很多水螅漂浮于水面，或缸壁附有许多绿藻时，则应换缸饲养。换时可将附有水螅的水草移入新缸中，附着在缸壁中的水螅可用吸管轻轻推动基盘，使其离开后再用吸管吸出。在正常情况下，培养缸中的水因蒸发而自然减少，因此，每周最好添加一定量的新水。水螅既需要阳光，又不能直射，因此在实验室中培养时，应将培养缸置于光线适中的地方。水螅最适宜的生长水温为 14～20℃，夏季高温是培养水螅的难关，这时除了要将水螅缸移到阴凉处，并保持水质清洁外，还应勤喂饵料，因这时水螅新陈代谢旺盛。

4. 生殖

有实验表明，将水温控制在 15～22℃，水质清洁，氧气充分，让水螅吃饱，并有适当的阳光，1～2d 就可长出芽体。在实验室人工条件下，将水温从 22℃突然降到 8～10℃，并让水螅饥饿不见阳光，即可在短期内使其出现精巢和卵巢。

7.2.8 水蚤的培养

水蚤学名叫枝角类。具有较高的蛋白质含量（占干重 40%～60%），含有鱼类营养所必需的重要氨基酸，而且维生素及钙质也非常丰富，是仔鱼、泥鳅幼体、水螅的理想活饵料，也是重要的生物学实验材料。

水蚤是广温性的，通常在水温 16℃以上才会大量繁殖，培养时水温以 8～28℃为宜。大多数水蚤在 pH6.5～8.5 下均可生活，最适 pH 为 7.5～8.0。

把 1/4 个面包的面包酵母用 50～100ml 水化开，加入 60～70L 水中，接入水蚤，每 5～7d 添加面包一次。也可将市售鲜酵母和干活酵母产品，用水溶或用搅磨机搅散开后直接投喂。

7.2.9 真涡虫的培养

饲养真涡虫的方法与饲养水螅颇为类似，它同样要求水质清洁，而且最好是清洁的池水。真涡虫忌避直接光照，因此培养缸中应放入石块或瓦片，以提供其隐避的场所。放置的地方要求阴凉。熟鸡蛋黄、生猪肝、鲜瘦肉，压碎或去壳的扁卷螺、田螺等都可作为饵料。一周饲喂一次即可。

7.2.10 蚯蚓的培养

养殖蚯蚓的方法很多，从学校条件看，可采取最简易的方法，即选择适当的地段，挖一条深约 65cm 的地槽，用一层鸟粪铺底，上加黑土及腐草烂叶，也放一些鱼肠，使食物充足，营养丰富，然后将成熟蚯蚓放养在内，过一段时期后就可挖掘，取大留小。因为蚯蚓有母子两代不愿同居的习性，子代繁殖多了，亲代要跑掉。

7.2.11　褐云玛瑙螺的培养

养殖方式分室内与室外两种。室内养殖时，可选取大的浅缸或大的花盆，先用瓦片将其出水孔堵住，然后放进一层厚的泥土，最好是腐殖土，再掺进一定量的黄沙，以保证土壤疏松，然后栽上青菜，放进褐云玛瑙螺。放养数量按盆、缸大小而定，最后以纱网将盆口盖住，以防逃逸。

室外养殖时，选择避风、阴暗、潮湿、土壤疏松且有杂草的荒地，放养前宜种植一些瓜类、蔬菜、杂草等，这样既可提供良好的栖息环境，又可提供饲料。褐云玛瑙螺生长的适宜气温为 17～28℃，空气的相对湿度为 80%以上，土壤湿度为 15%～27%，因此在炎热的夏天，若温度过高应洒水降温，同时要注意土壤湿度不能过高，否则会造成致病死亡。室外养殖时，还需注意：①防逃脱，在较大规模饲养条件下，应在饲养场周围用镀锌丝网做成围墙（也可用铁丝网）；②防天敌，饲养场地必须防鼠、蛙、蟾蜍、鸟、蜥蜴、蚂蚁等。

褐云玛瑙螺是杂食性动物，食性十分广泛，幼螺多为腐食性，取食腐败植物，成螺以取食绿色植物为主。各种蔬菜、豆壳、豆秆、野草、水草、树叶、瓜果皮大都可以作为饲料，其中最喜食的是西瓜皮。一般 50kg 成螺喂以 10kg 饲料即可。对幼螺也可适当喂精料，如米糠、豆饼等，促使其加快生长。无论成螺或幼螺，在投食前，必须清除前一天的食物残渣，以防因饲料腐烂变质而染病致死。

7.2.12　蟾蜍和青蛙的培养

蟾蜍和青蛙在教学、科研上都有重要意义。其培养不受地方限制，缸、盆、砖池、池塘等凡有水域的环境均可。以池塘为好，有利于昆虫孳生，天然饲料来源容易，管理也方便。池塘水深 60～80cm 为宜，周围应留有供蟾蜍、青蛙活动的陆地。水域面积与陆地面积各占 1/2，水域面积也可小一些。水面到陆地应有缓坡，陆地种植草树。为防其外逃和敌害入侵，陆地周围应筑 40～60cm 的围墙。

卵和蝌蚪的培养最好用洁净的自来水，并加上稀释 5～6 倍的何尔夫列他氏液（其配方为：氧化钠 0.35g，氯化钾 0.005g，二氯化钙 0.01g，碳酸氢钠 0.02g，蒸馏水 100ml），这样可以增加胚胎和蝌蚪发育所必需的钠离子、钙离子、钾离子。培养水要多而清洁，否则会因缺氧而致死。

蝌蚪主要吃植物性饲料，如水藻等。煮过的菠菜和莴苣是最适宜的食物，但投喂时不宜煮太熟，并注意除去纤维。初次投食量要小，以后可不断增加。每天定时定量投喂，不宜过多，以防残渣腐败，造成水体污染。若用缸、盆培养，或水体较小，一般 3～5d 换一次水较好。当蝌蚪发育成带有短尾的幼体开始用肺呼吸时，若用池塘培养，水中必须放些水草，或小木条，以供其登陆用。若为缸、盆培养，水里可放一些泡沫塑料。

成体主要吃昆虫之类的动物性食物，以直翅目、鞘翅目、膜翅目、蜻蜓目为最多，其次为双翅目、脉翅目、半翅目等昆虫。有时也食蛛形动物、蚯蚓，甚至也以谷粒、鱼苗或蝌蚪及小蛙为食。

7.3 生物学实验标本的制作

有些生物学实验所需的材料必须做成标本才能进行研究，因此生物学实验材料还包括各种标本，标本制作也是生物学实验的一个内容。本节将介绍如何制作生物学实验标本。

7.3.1 植物标本的制作

植物实验材料可以制成玻片标本、干制标本、浸制标本、腊叶标本等。

1. 玻片标本的制作

借助显微镜，可以对生物的形态结构进行细微的观察和研究，但是显微镜所能观察的是很薄的透明材料。因此，必须将研究对象加工制作成很薄的透明材料，这便是玻片标本。玻片标本的制作根据制片材料是否需要切成薄片而分成切片法和非切片法两大类。

利用切片机或刀片将材料切成所需要的薄片，经过一系列操作制成玻片标本的整个过程称切片法。常用的切片法有徒手切片法、滑走切片法、棉胶切片法、冰冻切片法、石蜡切片法、超薄切片法等。徒手切片法操作简便，一般学校都有条件制作，石蜡切片法是最常用的制片方法，所以，只介绍这两种方法。不经过切片便可将植物体的组织、器官和细胞封藏而制成玻片标本的方法称为非切片制片法。非切片制片的方法很多，其中比较常用的方法有整体封固法，离析法，涂片法、压片法等。

1）石蜡切片法

（1）取材　根据教学或研究需要采取新鲜的无病虫害的实验材料，切成小段或小块，一般大小为 0.5～1cm。各种器官的取材方法见图 7-1。

（2）固定　制作动物、植物装片或切片，须先进行固定。新鲜或活体的材料浸入固定液处理后，细胞迅速被杀死，但细胞原来的形状和结构不变，能按原样保持下来，这就是固定。固定液种类很多，中学生物学实验室常用的有甲醛、乙醇、F.A.A 固定液。固定不同的动物、植物组织需采用不同的固定液。

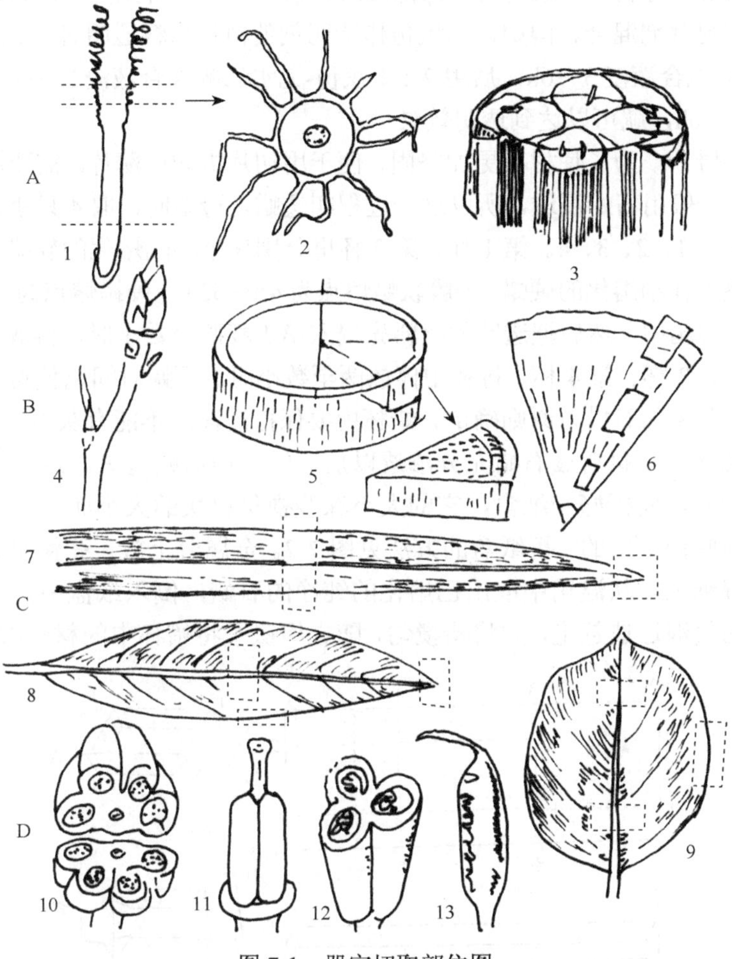

图 7-1　器官切取部位图

A、B. 茎的切取（1～6）；C. 叶的切取（7～9）；D. 花的切取（10～13）

（3）洗涤　固定后的材料，必须将固定液清洗掉，否则将影响染色等环节。选择洗涤液根据下列原则：水溶液固定的材料用水清洗，乙醇配制的固定液必须用相同浓度的乙醇清洗，若固定液中含有苦味酸时，无论固定液用什么配制的都用乙醇洗涤。洗好的材料，可以浸入 70%乙醇中长期保存。

（4）脱水　材料经固定和洗涤后含有很多水分，组织变软，不能直接透明和包埋，必须彻底除去水分（即脱水）使其变硬，才能进行制片的后期工作。乙醇是常用的脱水剂，用乙醇脱水时，应将材料从低浓度逐渐过渡到高浓度，乙醇浓度依次为 30%、50%、70%、85%、95%、100%。脱水时间跟材料的大小有关。一般每级乙醇中脱水的时间是 1～6h。

（5）透明　常用的透明剂有二甲苯、氯仿、香柏油、冬青油等。透明剂的作用是置换乙醇，有利于石蜡向材料内部渗透，增强材料的折光性，使其透明便于观察，并能和封藏剂混合。例如，用氯仿作透明剂使植物材料透明时，先用 1 ：2 氯仿-无水乙醇混合液浸 3～6h，后用 2 ：1 氯仿-无水乙醇混合液浸 3～6h，最后浸在纯氯仿中 3～6h，就可以达到透明效果。

（6）透蜡　为了使材料更加坚固，便于用切片机切成薄片，需要用特殊试剂浸透材料，一般用石蜡浸透，所以这个过程叫透蜡。透蜡时，取 4 只小烧杯，在烧杯上依次贴上 1、2、3、4。第 1 杯、第 2 杯里分别盛半杯刚熔化的软蜡，第 3 杯和第 4 杯里盛半杯刚熔化的硬蜡（一般软蜡熔点为 48～52℃，硬蜡熔点为 56～58℃）。杯子置于恒温箱中，然后把透明的材料先浸入第 1 杯两至数小时，再取出，相继浸入第 2 杯、第 3 杯、第 4 杯，每杯中停放两至数小时。透蜡时间以使材料脱尽全部透明剂，充分渗入石蜡为原则确定。蜡杯内要保持清净，不能有灰尘或材料碎块。

（7）包埋　材料被石蜡充分渗透以后，继续用石蜡包裹，这一个步骤叫做包埋。包埋时，先折好一纸盒，它的大小深浅视材料块的大小而定。折纸盒的纸最好取硬性坚韧一些的。折纸盒的方法见图 7-2。金属台上放一张湿纸，将折好的纸盒放在湿纸上，从温箱中取出已熔化的纯净的石蜡，倒入纸盒中，用烧烫的镊子将蜡中的气泡迅速赶走，并将蜡搅匀，随之用镊子将蜡杯中的材料拨入石蜡中，

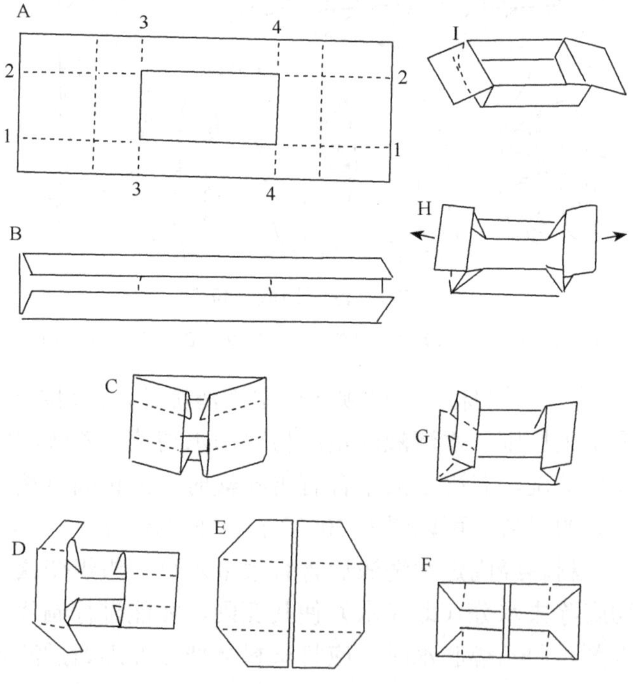

图 7-2　包埋纸盒的折叠方法

A～I. 示折叠过程

排列整齐，并使材料与蜡面平行。然后轻轻吹气使石蜡表面凝结，最后，用两手提起包埋盒的两翼，把纸盒平放在冷水盆中，使石蜡很快凝固，蜡凝结后，剥去纸盒即成蜡块。制成的蜡块可以装入纸袋长时间保存，但必须在纸袋中装入标签。

（8）切片　　包埋好的蜡块，经过修整、固着后就可以用切片机切片（图 7-3）。

图 7-3　蜡块的固着和切片

① 修整。在切片以前需要修整蜡块，使蜡块四面尽量与材料平行，最先切到的地方蜡少而相对的一面蜡多一些，以便粘在木块上，而且蜡块前窄后宽。

② 固着。用烫蜡铲把修好的蜡块用熔化的石蜡粘在台木块上，再用多余的蜡沿四周烫几下，使蜡块粘得更牢固。

③ 切片。把粘着蜡块的台木块装在切片机的材料固定器上，调好距离和角度，固定；装上切片刀，调整倾斜度，当倾角为 5° 左右时扭紧固定螺旋；调整切片厚度控制盘的刻度，一般切片厚度在 8～12μm 之间。切片时，右手摇动切片机的转轮，左手持毛笔，把切下的蜡带轻轻挑起取下，平放在蜡带盒内的白纸上。放时，使蜡带靠刀的光滑面向下，无光泽面向上。粘片时蜡带在载玻片上的放置方法也是如此。

（9）粘片及展片　　将切下的蜡带用解剖刀分割成适宜的片段，用粘片剂粘在载玻片上，并使蜡带和蜡带上的材料在载玻片上完全伸展。具体操作如下：用手指蘸粘片剂均匀地抹在干净的载玻片上（每蘸一次可以涂抹 6～8 张载玻片），再用滴管滴几滴蒸馏水，然后取一段切片带置于在载玻片的蒸馏水上，在酒精灯上徐徐加热，使切片带在水上自由展开。一般水温在 40℃左右，切片就完全展开。将载玻片略微倾斜使多余水分流出，再略微加热使材料紧贴于载玻片上，然后再放入 40℃温箱烘烤 3～4d。

（10）脱蜡和复水　由于制片所用染色剂往往为水溶液，为了使染液浸入材料，必须先脱去材料上的蜡，然后给材料复水。脱蜡用二甲苯。在两个装有二甲苯的染缸上分别贴上“脱蜡Ⅰ”“脱蜡Ⅱ”的标签。将烘干的载玻片一张一张小心地放入“脱蜡Ⅰ”中，约 20min 后，载玻片上材料周围的蜡溶去，再移至“脱蜡Ⅱ”停留 5～10min，使材料透明。复水用从高浓度到低浓度的乙醇。

（11）染色　在制片中，为了使组织及细胞的各部分显示清楚，便于观察和研究，往往采用染色的方法使组织和细胞的各种结构显示出不同的颜色。染色剂种类很多，染色方法也很多，不同的结构，可以用不同的染色方法。动物组织常用苏木精-伊红染色法，植物组织常用番红-固绿染色法。

（12）脱水透明　染了色的材料必须再经过各级不同浓度乙醇的脱水（不经过脱水的材料，在透明剂中达不到透明效果，而且还会浑浊），再透明，做成的切片才能在显微镜下观察。

从脱蜡、复水、染色到脱水、透明是一个很长的连续的过程，其程序和方法如图 7-4 所示。

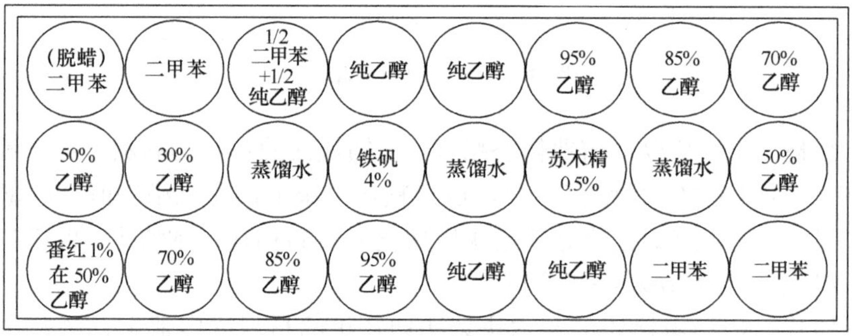

图 7-4　石蜡切片法染色缸的一般排列顺序示意图

（13）封片　把切片从二甲苯中取出，用吸水纸吸干多余的二甲苯，在材料上滴一点树胶，盖上盖玻片。

（14）贴标签　切片封好后，在切片的右侧贴上标签，平放在无灰尘处，待胶干涸后便可使用。如树胶溢出盖玻片，则待切片完全干涸后，用刀轻轻刮去多余的树胶，再用布蘸二甲苯把树胶擦净。

注意事项：①无水乙醇有硬化组织的作用，所以在无水乙醇中不宜浸得过久；②所采用的石蜡熔点不宜太高，否则材料块会高度收缩变形；③如果包埋处理失败，包埋块全部呈乳白色，并凹凸不平时，应该把它再度投入恒温箱内第 3 杯石蜡中，待其熔化后重新移入新的石蜡溶液中包埋。

2）徒手切片法

徒手切片法是指用双面刀片将新鲜的或经固定的材料切成薄片并制成玻片标

本的方法。其优点是用具简单、方法简便、省钱省时，而且随时随地都可观察新鲜材料组织细胞内原生质的生活状态和自然色彩，应用此法对于植物组织化学研究亦非常便利，所以应用很广。缺点是切出的切片往往厚薄不匀，也不易切完整，有碍于观察。具体操作过程如下。

（1）取料　同石蜡切片。

（2）切片　以左手 3 个指头拿住材料，右手平稳握住刀片切下材料。切时，刀口向内，刀片由材料的左前方向右后方均匀移动，移动时应用臂力而不能用腕力，中途不要停，也不要来回锯、割，应一次切下。刀片和材料上应保持有水分，保持润滑。切下的薄片材料用蘸水的毛笔轻轻从刀面上取下，放入盛水的培养皿中。有些材料如叶片等过于柔软，可以夹在坚固而疏松的维持物如胡萝卜、洋芋块茎中，这样就可顺利切下所需的材料。

（3）制片　若仅是为了临时观察，则可以将材料封在水中制成临时装片。即取一干净的载玻片，用吸管在中间滴一滴清水，然后挑选透明、较完整的材料置于水滴中，用镊子夹起盖玻片，使它的一边先接触载玻片上的水滴，然后轻轻地盖在材料上，避免盖玻片下出现气泡。

这样就做成了徒手切片，就可以放在显微镜下观察了。若材料珍贵或特殊，也可经过固定、脱水、透明、染色、封藏等步骤制成永久切片。

3）整体封固法

不经过切片，将小而扁平的植物材料全部封固在载玻片上的制片方法。这种方法通常适用于丝状、叶状的藻类、菌类以及蕨类的原叶体、孢子体，较小的苔藓植物，种子植物的表皮、花粉粒和幼小的器官等。可以制成临时装片，也可以制成永久装片。制成的标本可显示出植物或植物某部分器官的整体。

取新鲜的植物材料（如藻类等），先用水将上面的泥土冲洗干净，然后将洗净的材料放在小烧杯中，在杯中倒入材料体积 10 倍左右的 10%甘油，用滤纸盖住杯口以防止尘土落入。把小烧杯置于较温暖的地方，使水分逐渐自然蒸发，杯中仅剩甘油为止，在此过程中，材料同时被脱水和透明了。接着，取出材料，在显微镜下检查，若未见收缩和被破坏，即可在材料上滴一滴干净的纯甘油，并将材料用镊子分开展平，盖上盖玻片。盖时应特别小心，不要产生气泡，且甘油不能过多，以免从盖玻片边缘溢出，接着再用较浓的加拿大树胶或磁漆把盖玻片四周封固好。洋葱叶表皮、蕨原叶体装片均可用此法。

对于一些不易收缩的材料如花粉粒，制片常用甘油胶（需事先在温箱中或水浴锅中熔化）封固。如果在甘油胶中加入一些甲基绿，材料不仅可以在封固液中慢慢染色，而且有利于观察花粉粒的形态。当把已制作好的玻片在酒精灯上微热，使甘油胶熔化，然后用手轻轻移动盖玻片时，花粉粒在甘油胶中转动，即可观察到花粉粒的整体形态和各个面的特征。硅藻制片也用此法。

4）离析法

离析法是利用某种化学试剂将细胞与细胞之间的中层溶解，然后使各个细胞呈游离状态，制成临时或永久玻片标本，以便研究单个细胞的立体结构。制作过程如下。

（1）*取材固定*　　同石蜡制片法。

（2）*离析*　　目前最简单的透明、离析植物材料的方法是氢氧化钠透明离析法。材料经固定以后，投入 5%氢氧化钠溶液中，在温度为 50℃左右恒温下处理 24～48h。如果离析液发生混浊时，须更换 1～2 次离析液。离析透明较坚硬的材料，如松柏类的干燥叶片时，氢氧化钠的浓度应提高至 6%～10%，其他步骤相同。离析草本植物的髓、皮层以及叶肉组织等柔软材料用盐酸-草酸铵。先将材料放在 3 : 1 的 70%乙醇和浓盐酸（抽气）中浸泡 24h，然后用水洗净，放入 0.5%草酸铵水溶液中。离析时间视材料性质而定，可每隔一天做一次检查。离析后用水洗 3～5 次，保存在 50%乙醇中备用。

（3）*制片*　　用水漂洗干净，然后进行染色、脱水、透明和封固。

5）涂片法、压片法

把植物的器官或组织经过一定处理后，把它们的细胞涂抹或压成一薄层（如根尖），或不经过任何处理，把植物的器官或组织涂抹或压成一薄层（如花粉母细胞），然后制成玻片标本的方法。这种方法在根尖、茎尖、花药及植物细胞遗传学等方面的研究中应用很广。

（1）*花粉母细胞涂片*

① 取材。选择刚抽穗或将要抽穗的小麦植株，用镊子取中部小穗的中间小花或雄蕊，取材时间在上午 6～9 时为好。

② 固定。将采下的雄蕊或小花放入卡诺氏固定液中固定 1～24h。如材料不能马上使用，则需从固定液中取出，用 95%乙醇和 85%乙醇换洗数次，然后转入 70%乙醇中保存。

③ 染色与涂压。取固定好的材料转入 50%乙醇，再经蒸馏水清洗后，取一粒花药置于清洁的载玻片上，加一滴醋酸洋红染色液，用刀片切去花药的两端，用另一载玻片横盖在材料之上，稍用力挤压出花粉母细胞，去掉花药壁等杂物，将花粉母细胞涂抹成均匀的薄层（用解剖刀或镊子压住材料，往另一边拖抹过去）。

④ 封片。在酒精灯的小火焰上微微加热载玻片，再加一滴 45%乙酸使之软化并分色，盖上盖玻片即制成了临时装片，可观察。如效果不错，可制成永久装片。步骤如下。

a. 将载玻片倒放（盖玻片向下）在盛有 45%乙酸溶液的培养皿内，培养皿内的一端垫一玻棒，使载玻片倾斜，几分钟后盖玻片自行脱落。

b．用吸水纸吸去载玻片与盖玻片上多余的乙酸液，移入 1∶1 乙酸-叔丁醇溶液中 3min，再经叔丁醇两次脱水与透明，每次 5min。

c．用树胶封藏。封藏时盖玻片要盖在原来的位置上。

（2）洋葱根尖压片　　洋葱根尖细胞的染色体较大，染色后的结构清晰，因此，洋葱根尖被认为是观察细胞有丝分裂最典型的材料之一。

① 取材。当水培洋葱鳞茎的幼根长到 1～2cm 时，从根尖端 3～5mm 处剪下。在上午 11 时至下午 1 时或晚上 11 时至 12 时取材最宜，因为此时细胞分裂最旺盛。

② 预处理。将材料放入蒸馏水中，在 0～3℃低温下冷冻处理 24h。目的是改变细胞质的浓度和黏度，破坏或抑制纺锤体的形成，使原来形状细长的染色体缩短，使重叠在一起的染色体分散。

③ 固定。将冷冻处理后的根尖材料投入 95%乙醇-乙酸（3∶1）固定液中，固定 1～24h。如果暂时不用，可移入 70%乙醇中在阴凉处保存。

④ 离析。将固定好的材料换入蒸馏水中，然后移入 1mol/L 的盐酸中，放在 60℃水浴锅中处理 15min 左右。或用 95%乙醇和浓盐酸的等量混合液处理 2～10min。

⑤ 清洗。离析后的根尖经 50%乙醇清洗 2h，再用自来水和蒸馏水各浸洗 20min，彻底洗去材料内残留的盐酸。

⑥ 媒染。洗净的材料移入 4%铁矾水溶液中媒染 30min 后，用水洗约 10min。

⑦ 染色。水洗后的材料移入 0.5%苏木精水溶液中染色 1～4h，然后用水洗去多余的染液，再入蒸馏水过一下。

⑧ 压片。取出一条根尖，放置在载玻片上，切去根冠部分，滴一滴 45%乙酸，将载玻片在酒精灯上微微加热后，盖上盖玻片，把载玻片平置于实验台上，用吸水纸或纱布垫在盖玻片上，拇指对准材料部位以适当的压力进行挤压，或用铅笔的橡皮头轻轻敲击盖玻片，使材料分散成均匀的薄层。在挤压和敲击过程中盖玻片不得移位，压好的玻片用显微镜检查。如临时观察，可用甘油封固，若需长期保存，须经下列步骤制成永久切片。

a．将临时玻片倒放（盖玻片向下）在盛有 1∶1 的 45%乙酸和 95%乙醇的培养皿内，培养皿一边垫一玻璃棒使载玻片稍倾斜，几分钟后盖玻片自行脱落。

b．用吸水纸吸去盖玻片和载玻片上材料以外的多余酸液，移进 1∶1 的 95%乙醇和叔丁醇溶液中 3～5min，再移入纯叔丁醇溶液 5min 使脱水与透明。

⑨ 封藏。用树胶封藏，盖玻片要盖在原来的位置上。

2．腊叶标本的制作

一般种子植物要做成腊叶标本保存，所以，下面以种子植物为例来介绍腊叶标本的制作。

1）整理

将采回的植物标本进行初步的整理：清除根部的泥土及污物，将枝、叶、花展平，如果枝叶较密集，可适当剪掉一些，但必须留下痕迹，以供鉴定或其他人使用时参考。

2）压制

在标本夹上放2～3层吸水纸，将整理好的一份标本放在上面，展平枝叶，再盖2～3层吸水纸。依次将整理好的标本摞起来。当标本压到一定高度时，上面放上标本夹，并用绳索捆紧，放于通风干燥处，不要在阳光下曝晒。压制时需注意以下几点。

① 各份材料要逐个交错摆平，不要造成高低不平，使标本受压力不均。

② 如果标本过于潮湿或含水分过多，则应多放几张吸水纸。

③ 不同编号的标本切不可置放在同一张吸水纸上，避造成混乱而张冠李戴。

④ 为了便于观察研究，每份标本的叶子都要展示出正面和反面，其他器官也应在标本上充分展现出来。

⑤ 如果标本上的花朵较大，为防止换纸时皱缩而失去原形，可将两张白纸作为底衬，把花放在上面，花上再盖一块白纱布。待标本换纸时，花下的白纸不必更换，只需将白纱布轻轻自花上揭下，再另换一块，继续压制即可。花下的白纸将来连同标本一起钉在台纸上。

⑥ 体积过于肥大的果实、块根、块茎，可剖开，保留一半，或切成片，压带皮的和中间最大的一片。

⑦ 过大的标本可折叠起来再压制；大型对称的叶片，可去掉一半，将带中脉的部分折叠后再进行压制。

3）换纸

准备好干燥的吸水纸，打开标本夹，将标本上、下的吸水纸换成干燥的。新压制的标本，每天至少换纸一次，待标本逐渐变干时，可逐渐减少换纸次数，直到标本完全变干为止。一般说来，标本干得越快，原来颜色就保存得越好。所以为了使标本尽快干燥，就须勤换纸。每次换下来的潮湿纸，要及时晒干或烘干。

4）整形

压制的标本在最初两次换纸时，要进行整形，即发现标本重叠或叶片折叠时，要用手或镊子将其小心展平，尽量使标本各部分保持原有的自然状态。标本上脱落下来的部分，要及时装入纸袋内，并注上标号，与原标本一起存放。

5）消毒

干制后的标本常常带有害虫及虫卵，为防止害虫蛀食标本，必须进行消毒。通常使用升汞（即氯化汞，$HgCl_2$）配制成0.4%的乙醇溶液，倾入大型平底搪瓷盘内，将标本浸入此溶液内数分钟，拿出夹在吸水纸内，阴干。也可用二硫化碳或其他药剂进行熏蒸消毒。所有用于消毒的药品，对人都有毒害，所以，在对标本进行消毒时，要身穿工作服，戴口罩，必须戴塑胶手套进行操作。工作完毕还应及时清洗，以免中毒。

6）上台纸

将消过毒的标本固定在台纸上。先把标本摆放在台纸的适当位置上，用针线将关键部位“缝”在上面，然后，在台纸的背面再贴上一层纸，因台纸背面有许多线条，在标本存放时，容易损伤下面的标本。只能用胶水或含防腐剂的糨糊，因自制的面粉糨糊或淀粉糨糊受潮后易霉变，且易被虫蛀。台纸右下角应留出空隙，以便粘贴标本签。

3. 浸制标本的制作

用化学药品制成的保存液，将植物或器官浸泡而制成的标本叫浸制标本。制成的浸制标本可保持原有的形态，这对于植物学的教学与科研都具有重要意义。

1）普通浸制标本的制作

普通浸制标本只能保持生物体原有的形态，但不能保持原有的色泽。

保存液的配制：①5～10ml 甲醛溶液（福尔马林）和 100ml 蒸馏水混合，这是最常用的保存液，但用此保存液浸制的标本，易变软。②100ml 医用乙醇、5～10ml 甘油、195ml 蒸馏水混合。用乙醇浸制的标本，质地变脆，观察时容易破碎，其中加入少量甘油，可使植物体变软，增加韧性。

固定保存方法：选用合适的标本缸，倒入配制好的保存液，再将欲保存的标本放入瓶中，但标本的体积不要超过固定液容量的 1/2～2/3。将标本瓶的口封严，瓶上贴好标签，放置在避免阳光直射的地方，以免很快褪色。

2）原色浸制标本的制作

原色浸制标本不仅可以保存标本的形态，而且可以保存标本的颜色，主要用于展览以及教学示范，其配方及制作较为复杂。

（1）绿色浸制标本

① 氯化铜（$CuCl_2$）	10g
冰醋酸（CH_3COOH）	2.5ml
甘油	2.5ml
甲醛	5ml
50%乙醇	50ml

将以上药液混合后，把选好标本洗干净放入。此配方适用于比较薄嫩的植物标本，标本浸泡数日后即变成偏蓝的绿色。

② 浸制绿色的果实标本，用以下配方较好。

亚硫酸	100ml
乙醇	100ml
蒸馏水	800ml
5%硫酸铜水溶液	50ml

选择该保存液的果实如苹果、大辣椒等，用清水洗净，在果实底部钻孔1～2个，浸入溶液中保存。

（2）红色浸制标本

a液：甲醛-硼酸固定液

硼酸	3g
甲醛	4ml
蒸馏水	400ml

b液：亚硫酸-硼酸溶液

0.2%硼酸	1份
1%亚硫酸	1份

首先，将硼酸溶于蒸馏水中，徐徐加入甲醛，即成a液。待各药品充分溶解后，取其澄清液，浸泡红色果实如番茄、枣、樱桃等。当这些红色果实在a液中浸泡1～3d，果皮由红色转变为红褐色时，取出保存于b液中。

（3）黑色或紫色浸制标本

食盐饱和水溶液	150ml
甲醛	100ml
蒸馏水	1000ml

将3种成分混合，选择无虫咬或挤压的七八分成熟的黑色或紫色果实标本，如葡萄、茄子等，用水洗净，先浸入上述溶液中2～3个月，再移入1%～2%的甲醛溶液中长期保存。

（4）黄色浸制标本　将黄色果实或块茎、块根等用水洗净，直接浸入5%硫酸铜溶液中1～5d，然后取出，用水冲净药液，再浸入2%亚硫酸溶液中长期保存。

（5）白色或浅绿色浸制标本

15%氯化钠水溶液	1000ml
2%亚硫酸钠（Na_2SO_3）	20ml
甲醛	10ml
2%硼酸	20ml

将上述各种试剂混合配成保存液，把选择好的标本洗干净，放入。

（6）无色透明浸制标本　将标本放至医用乙醇中浸泡，把标本瓶置于强烈的日光下曝晒，使之变白，并不断更换乙醇，直到标本完全变白，坚硬、透明为止。

4. 干制标本的制作

苔藓、地衣、大型真菌等植物及种子植物的根、干果等都可经自然风干或烘干而制成干制标本加以保存。干制标本的制作方法如下。

（1）标本的整理　将采回的标本取出，除去杂物及多余土壤，并展平或使其保持原状。

（2）制干　将整好的标本放在阴凉通风处风干或放在温箱中烘干。

（3）收藏保存　标本干后，要及时收藏保存。将标本连同野外记录表、编号一起放入纸盒或纸袋中，在表面贴上标签，写上名称、采集地、日期等，并在盒内放入樟脑等防虫剂和干燥剂，然后按分类系统顺序排列放入标本柜中保存。

5. 孢子印的制作

各种真菌的孢子，在形态、大小、颜色等方面都有很大差异。这些特征是鉴定真菌的重要依据。孢子印就是将菌伞上自然散发的孢子接收在白纸或黑纸上，所形成的痕迹。具体方法如下。

① 在一张白纸（或黑纸）上涂上一层 15%的白明胶。

② 待明胶干燥后，将新鲜蘑菇的子实体齐菌褶用刀片切断，然后将菌褶朝下扣在纸上，使孢子散落在下面的纸上。经 4～24h，当孢子散落在纸上，就可以得到一张与菌褶或菌管排列相同的孢子印。黑色或杂色孢子用白纸，白色孢子用黑纸。如果不知道孢子为何种颜色就把白纸及黑纸各一半拼成一张，将菌盖扣上，外面再扣上玻璃罩或杯子（或烧杯）。

6. 叶脉标本的制作

叶脉标本可作为教具，也可作为小型艺术品，还可使学生了解植物各种叶脉的类型。所选叶片必须叶脉清楚、明显且叶片较厚，如果叶片过薄，经处理后不易成型。最好用桂花、木兰、杨、柳、桑、榆等的叶片。方法如下。

1）制煮液

取大烧杯一个，内注入清水 100ml，加入碳酸钠（Na_2CO_3，即蒸馒头用的面碱）2.5g，氢氧化钠（NaOH，即烧碱）3.5g，煮沸。

2）煮叶

将准备好的叶片投入煮液内，使煮液浸没材料，如有树叶粘在一起，要用玻璃棒将其分离，煮沸 5～8min。其时间长短，应视叶片质地而定，如果叶片较厚，叶表面角质层也较厚的，需要多煮几分钟。

3）水洗

用镊子取出煮透的叶片，置于清水中，洗去残留煮液（注意：千万不要用手直接从煮液中取树叶，以免烫伤手指）。

4）除去叶片的柔软组织

取水洗过的叶片，放在一块玻璃板上，在流水下用牙刷轻轻刷掉被碱腐蚀而变软的叶肉而完整地保留叶脉。

5）晾干

将刷掉叶肉的叶片，贴在玻璃板上晾干即成。

6）染色

如欲制成树叶标本书签，可在晾至半天时，涂上不同颜色。为防止干后变翘，可夹在较厚的旧书中，或夹在两块玻璃之间待干。干后的叶柄上还可系上一条彩色线。

7.3.2　动物标本的制作

1．玻片标本的制作

动物材料也可制成玻片标本，其类型和方法基本与植物玻片标本相同。下面介绍几种常用的动物玻片标本的制作方法。

（1）草履虫整体装片（整体封固法）

① 取材。取 3～4ml 含草履虫的培养液于离心管内，经离心后，草履虫集中于管底，吸去上面的水，用蒸馏水冲洗 2～3 次。

② 固定。取 2～3ml 绍丁氏固定液倒入含有草履虫的离心管中，固定 1h 左右，然后再吸去固定液。

③ 洗涤脱水及去汞。用 50%乙醇 3～4ml 冲洗 1 次，再到 70%乙醇冲洗 1 次，在 70%乙醇中加入数滴碘酒，以除去固定液中的升汞沉淀，然后再换 70%乙醇冲洗 1 次。

④ 染色。用甲基绿染色一至数小时。甲基绿水溶液染原生动物效果很好。

⑤ 脱水。根据染液不同而用 50%乙醇或蒸馏水浸洗，然后逐级脱水至纯乙醇。

⑥ 透明。换两次冬青油使材料透明。

以上各步骤均可在离心管中用离心机操作，也可等材料自然下沉后再更换各种试剂。

⑦ 封固。吸去冬青油后，将草履虫倒入一小培养皿中，缓缓加入树胶并搅匀，然后用干净的玻璃棒蘸一小滴含有草履虫的树胶，滴于载玻片上，然后盖上盖玻片即成。

（2）蛔虫卵装片（整体封固法）

① 取材。用竹签取带有蛔虫卵的粪便 1g，放入青霉素空瓶内，加入少量饱和盐水调匀，再加饱和盐水至液面与瓶口相平。取干净载玻片，盖在瓶口上，15～20min 后将载玻片迅速翻转并拿起，此时，载玻片上已有虫卵。

② 封固。将甘油明胶滴在有虫卵的载玻片上，用竹签调匀，盖上盖玻片，干燥，然后用毛笔蘸 502 黏合剂封边。

（3）骨磨片（磨片法）　观察骨头的组织结构，须将骨头制成薄片。制成薄片的方法有磨片法和用酸脱钙后切片两种方法，常用的是磨片法。

① 取材。取动物或人类陈旧股骨的骨干部分（此处骨质致密），用细钢锯锯成 1～2mm 厚的横断面或纵断面。

② 磨片。将锯下的骨片在粗磨石或水泥地面上加水来回磨动，用力均匀，当磨到厚度约 100μm 时，改用细磨石研磨，并随时镜检，至骨质结构明显为止，然后洗去泥浆等，再用磨切片刀的油石来回磨以去掉各种磨纹，最后用蒸馏水洗干净。

③ 脱脂。经 50%、70%、85%、95%等各级乙醇脱脂，每级 1～2h。

④ 染色。用大丽紫 95%乙醇饱和溶液，在 50℃下染色 10～15d，乙醇挥发后，再加入 95%乙醇。染色后将骨片在油石上加煤油研磨，除去骨片表面浮色后，用二甲苯洗净骨片，干燥后即可封固。骨片亦可以不染色，经脱脂后直接封固。

⑤ 封固。用玻璃棒蘸一小滴火棉胶液置载玻片中央，将骨磨片埋入火棉胶中，在 40～50℃下放数分钟，待火棉胶凝固后再滴液体树胶，并盖上盖玻片。

（4）血涂片（涂片法）　各种血细胞、血小板都可制成涂片来观察。具体方法如下。

① 采血。根据需要可从人体或各种动物采血。人体一般可在耳垂或手指尖采血。先用 70%酒精棉球将皮肤消毒，然后用采血针刺破耳垂下缘，等第一滴血流出后，再用洁净的载玻片采接第二滴血。

② 涂片。用左手的拇指和食指分别持采上血的玻片两端，将玻片托平，右手取另一洁净载玻片，以其一端斜置玻片上血滴左缘，呈 30°～40°角，将所持玻片稍向右拉，接触血滴，血滴沿玻片末端向上下两边展开，夹角中充满血液，然后将右手玻片向左推动，血液随推片而行。此时注意保持两玻片之间的夹角不变、推行速度均匀，一次推成。如果血滴大、速度慢、角度大则涂片较厚，反之则薄。涂片在空气中干燥后即可染色。

③ 染色（曙红染色法）。将涂片平放桌上，用玻璃铅笔画出染色区，滴加曙红染液使其布满染色区内的血膜，染色 1～3min，然后加等量磷酸盐缓冲液（pH7）或蒸馏水。轻轻吹气使两液混合再染约 4min。倾去涂片上的染液，以蒸馏水洗去染液，水干后即可观察。

④ 封固。如需做成永久切片，则用香柏油树胶进行封固（香柏油 4g，固体树胶 1g，加热溶解搅拌均匀）。

结果：红细胞为粉红色，白细胞核为蓝紫色，嗜中性粒细胞颗粒为紫红色，嗜酸性粒细胞颗粒为红色，嗜碱性粒细胞颗粒为深蓝紫色，淋巴细胞质为天蓝色，单核细胞质为灰蓝色。

（5）脊髓神经细胞涂片（涂片法）

① 取材。牛脊髓材料最好，用剃刀横断牛脊髓颈膨大或腰膨大，以镊子取前角处灰质少许，置载玻片上。

② 涂片。取另一载玻片压在其上，压碎灰质，然后将两载玻片分开，载玻片上便涂上灰质。

③ 固定。将涂有灰质的两个载玻片浸入95%乙醇中固定2～12h。

④ 脱脂。将涂片置无水乙醇中浸10min，再用1 : 1无水乙醇-乙醚浸0.5～1h。

⑤ 复水。涂片经95%乙醇至蒸馏水，每级1～2min。

⑥ 染色。用焦油紫、硫黄、亚甲蓝、甲苯胺蓝各0.01g，蒸馏水100ml配制的染液染色6～12h。

⑦ 脱水。经各级乙醇脱水，每级2～5min。

⑧ 透明和封固。经1/2二甲苯加1/2纯乙醇至纯二甲苯，每级2～5min，透明后用树胶封固。

（6）平滑肌细胞（离散法）

① 取材。取青蛙或蟾蜍胃或小肠的一段。

② 固定。将切取的材料剪成长4～5mm的小段，固定于F.A.A液中24h以上。

③ 洗涤。经50%乙醇至蒸馏水，各级停留4～5h。

④ 染色。用锂洋红染色，在室温下染15～30d（在50～60℃温箱中染2周左右）。染色时，应不时地用针拨动组织进行检查，当肌纤维能够分离时，即可停止染色。

⑤ 再洗涤。用1%乙酸水溶液固定材料5min，再将材料置入培养皿，用蒸馏水洗数次，以去掉乙酸。

⑥ 分离。取两根解剖针把材料充分撕散，将离散的材料连同蒸馏水一同倒在小广口瓶中，塞紧瓶盖，用力来回振荡，使材料充分分离。然后把含有平滑肌纤维的蒸馏水迅速倒入另一瓶中，待其沉淀后，将上清液吸出。

⑦ 脱水。用离心机离心，从70%乙醇开始至纯乙醇，每级1h。

⑧ 透明。经1/2纯乙醇加1/2纯冬青油至纯冬青油中各浸1～4h。

⑨ 封固。用吸管吸取少许材料放在树胶中调匀，然后用玻璃棒蘸一小滴含有平滑肌纤维的树胶滴在载玻片上，加盖玻片封固。

结果：平滑肌纤维呈粉红色，核呈深红色。

（7）双翅目幼虫唾液腺染色体（压碎法）

① 取材。将3～4龄果蝇幼虫，置于滴有0.7%生理盐水的载玻片上，在解剖镜下用解剖针插入口器稍后处，取出食道两侧的一对黄白色唾液腺。

② 染色和压片。取另一张干净的载玻片，涂上粘片剂，将唾液腺移至载玻片上，滴一滴醋酸洋红染液染色10～20min，然后加盖玻片，在其上面覆盖一张

吸水纸，用解剖针柄轻轻压下去，再以手指用力均匀压，最后可用石蜡封片，保存备用。

③ 脱水、透明和封固。欲制成永久玻片，向染缸内注入 1cm 高的无水乙醇，把载玻片及盖玻片一起竖立起来，将染缸盖严，使标本在乙醇中浸泡 12～24h。然后浸入无水乙醇中，1h 后，用解剖针挑开盖玻片。

将分离的载玻片和盖玻片均置于另一缸无水乙醇中浸泡 1h，然后移入二甲苯中浸泡两次，每次 0.5～1h，最后封固。

2. 动物浸制标本的制作

动物浸制标本保存时间长，适用种类多，制作简便，在教学中应用广泛。浸制标本大体可分为以下几类。

① 整体浸制标本。将动物体按生活时的姿态整理固定好后直接浸入固定防腐液中，是一种以显示动物外形特征为主的液浸标本，不需作解剖处理，同时也可用于实验材料的保存。

② 整体解剖浸制标本。是一种以显示动物内脏器官、系统为主的液浸标本，在制作时须对血管系统进行染色剂注射，同时对内脏器官须作保色或涂色处理。

③ 器官、系统解剖浸制标本。是展示动物某一器官或系统的形态和结构的液浸标本。如动物的脑、心脏的比较解剖浸制标本，以显示它们的演化过程和亲缘关系。

④ 个体发育浸制标本。取动物个体发育各个不同阶段的材料按发育顺序制成液浸标本，以显示动物个体发育动态的变化，如蛙、鸡和兔胚胎发育浸制标本。

动物浸制标本的制作具体如下。

(1) 制作浸制标本的要求

① 材料要新鲜。宜用活体或死后不久未腐败的动物做浸制材料。

② 完整。宜用体表无损、外形完整的动物材料。

③ 大小适中。因容器的限制和便于观察，所选材料要大小适当。

(2) 制作浸制标本的方法

① 麻醉与处死。陆生动物可用乙醚麻醉，然后投入固定液中杀死，鱼类等水生动物可直接置于空气中，使其窒息而死。一些腔肠动物如海葵，海月水母可在水面撒薄荷脑晶体或用纱布包住硫酸镁而将动物麻醉，然后用福尔马林杀死。

② 整形与固定。标本处死后应用水清洗干净，然后整形固定。如鱼类，应将鳍展开在硬卡纸上，并向腹部注射固定液后入盘，加入固定液处理 2～3d，等体表变硬后才能放入标本缸。

③ 保存。将整形、固定好的标本贴上标签，装入盛有 5%～10%福尔马林或 70%乙醇保存液的标本瓶中，封口保存。

在解剖浸制标本中常采用序号法标记，将主要的内脏器官分别用相应的阿拉伯数字代替。标签纸选用表面光滑、耐浸的纸，剪成3～5mm见方的小纸片，用绘图墨水书写，写好后用蛋清或胶黏剂贴在需标记的器官表面。与标本序号标签相对应的说明标签，可贴在标本瓶外壁适当的地方。

将固定好的标本放入标本瓶时，易浮标本应绑缚在玻璃片上，易沉标本可用线悬于标本瓶盖的玻璃钩上，一些扁薄易卷曲的标本可夹于同样大小的两片玻璃之间，微小标本可粘贴于玻片上，然后加入保存液。

长期保存的标本须用密封剂封口。常用密封剂的配方是石蜡（熔点52℃）100份、松香100份、甘油1份，置于容器内熔化后趁热使用。封瓶时将瓶盖放于酒精灯上加热，边加热边转动瓶盖，然后用毛笔蘸足封口剂涂于瓶盖外壁，迅速盖在瓶口上，再将封口剂趁热涂于隙缝处，封好后再用纱布缚好瓶口。

（3）整体浸制标本的制作

绦虫 用1%食盐水轻轻洗涤获得的材料，一直到洗净为止。然后用70%乙醇、乙酸、福尔马林、蒸馏水按1 : 1 : 1 : 2的比例配成的混合液固定，1d后移至70%乙醇中保存。

蛔虫 将材料用0.7%生理盐水冲洗，再用清水洗。然后放在70%乙醇中杀死固定，经2～3d后，放入80%乙醇中保存。

线虫 取到材料后可直接用70%乙醇杀死固定，固定2～3d后移入80%乙醇中保存。如直接观察可用下法：取在乙醇中保存的线虫，放入石炭酸内3min就可透明，观察后仍放入80%乙醇中保存。

蚯蚓 将采得的材料在制作前2～3d让其停食，以排尽消化道内食物。将蚯蚓用水冲洗后放入盛有清水的容器内，慢慢滴入95%乙醇，十几分钟后浓度达10%左右时蚯蚓被麻醉。然后将蚯蚓整形，放在70%乙醇或5%福尔马林中杀死固定，2～3d后用新的70%乙醇或5%福尔马林保存。

沙蚕 将沙蚕放入盛有新鲜海水的器皿中，等其恢复正常状态后用薄荷脑麻醉，或缓缓加入95%乙醇麻醉。当乙醇为缸内海水的1/25时，沙蚕就被麻醉。然后将沙蚕捞出，用70%乙醇或5%福尔马林杀死固定。经2～3d后移入70%乙醇或5%福尔马林中保存。

螺类和瓣鳃类 将采到的螺类和蚌类分别装入玻璃瓶中，不管海产或淡水产的种类，都加满海水或淡水并盖紧瓶盖，经12～24h后，当螺类头部和足部伸出壳口，瓣鳃类双壳张大，足部伸出触之不动时，用10%福尔马林或70%乙醇杀死固定，经2～3d后保存于5%福尔马林或已加入少量甘油的70%乙醇中。

头足类 将获得的乌贼、章鱼活体放于盛新鲜海水的容器内，静置后加入硫酸镁麻醉，等不活动时，用10%福尔马林杀死，个体大或准备做解剖标本者，须向体内注射固定液，固定8h后保存于7%福尔马林或70%乙醇中。

蜘蛛类 我国有10多种蝎，钳蝎在山区的石头下面或夜间在土房或旧砖房的阴暗角落里可以采到，采时不能用手捉，应用竹夹，以免尾刺蜇人。蜘蛛种类繁多，园蛛夏季可在屋檐下采到。将采到的标本用 70%乙醇杀死，固定 2～3d。整形后，保存于 70%乙醇中，加少许甘油。

虾、蟹类　将获得的材料放于盛有海水或淡水的容器中，一般可直接用 70%～80%乙醇麻醉，杀死并保存，半小时后取出整形。大型虾、蟹，为了防止肢体脱落或体形不正，也可用纱布包裹，外加标签，放于乙醇-甘油混合液（80%乙醇和甘油 1∶1）中，制作寄居蟹标本时须将蟹体前端部分稍稍引出壳口，或将柔软的蟹体全部引出壳，缚于玻璃片上，去螺壳共同浸于保存液中。

多足类　常见的有马陆、蜈蚣、蚰蜒等，可以在一些阴暗潮湿的地方如树下、草丛、乱石堆、床下等处采到。制作方法同蜘蛛类，但由于蚰蜒足易脱落，宜用 90%乙醇迅速处死。

昆虫类　大多数昆虫宜用干制法处理，一些体软多水的昆虫如衣鱼可用浸制法，另外昆虫的幼虫和卵宜用浸制法。一般完全变态昆虫的幼虫在制作前应停食排出肠道内容物，利用热水和蒸汽致死，使虫体伸直后，用 50%～70%乙醇或 5%～10%福尔马林固定，然后用 70%乙醇或用 5%～10%福尔马林保存。

幼虫保色时常用以下配方。

① 硝酸钾 10g、乙酸铜 10g、甲醛 40ml、水 1000ml（适用于绿色幼虫）。

② 硝酸钾和乙酸钾各 20g、甲醛 200ml、水 1000ml（适用于红色及其他体色幼虫）。

③ 白糖 50g、冰醋酸 50ml、甲醛 40ml、水 1000ml（适用于黄色、红色等体色的幼虫）。

脊椎动物　适于做浸制标本的有鱼类、两栖类和爬行类。两栖类、爬行类的麻醉可用乙醚；整形后用 10%福尔马林固定 5～10d，较大的动物还需在其体内注入 15%～20%固定液。最后保存于 10%～15%福尔马林中。另外，一些小型鸟类和小型哺乳动物亦可制浸制标本，但中间要换 1～2 次新鲜固定液，用 10%～15%福尔马林保存。

例 1　蛔虫整体解剖浸制标本制作

1．解剖

将麻醉、固定好的蛔虫置于蜡盘内，体背向上，头端和尾端用大头针固定。用剪刀在肛门稍上端处沿背中线轻轻剪开体壁，直达前端靠近口处。用镊子从剪开的体壁向两侧翻拨，将与背部体壁粘连的内脏器官和其他组织适当剥离，注意避免损伤生殖系统。每剥一段，都要将翻向两侧的背部体壁用大头针固定。

2. 整理

将雌虫发达的卵巢或雄虫的精巢向两侧适当引出一部分，肠要向偏侧移动，使阴道和子宫都能显露出来，咽头也能看清楚，并注意不要损伤唇和乳头突，一定要保持完整。

3. 固定保存

在解剖和整理好的材料中倒入5%福尔马林，将材料浸没。1d后拔去大头针，并将材料移于玻璃片上，用针从肠和卵巢等器官下面、体壁上穿过，缚7～8道线。再移至5%～10%福尔马林中固定2～3d，用新鲜同浓度的保存液保存。为了便于观察，固定后可将材料放在空气中干燥一定时间，然后对肠、子宫、阴道、唇等部分进行着色，再进行保存。也可用同样的方法制作蚯蚓的解剖浸制标本。

例2　青蛙个体发育浸制标本

蛙的个体发育包括7个不同的发育阶段，即卵内胚胎、外鳃期蝌蚪、内鳃期蝌蚪、后肢期蝌蚪、前肢期蝌蚪、尾缩期个体和幼蛙。一套完整的个体发育标本，必须要包括7期的所有材料，各阶段材料可通过室内培养而获得。

前6个阶段的材料可用5%福尔马林固定1～3d，保存于5%福尔马林中，幼蛙的固定与保存可参照整体动物浸制标本。前4个阶段的标本可用线缚或胶水粘在玻片上放入保存液中，后2个阶段的标本可直接放入瓶中保存。按发育顺序贴好标签，并排列保存于标本盒内。

3. 干制标本的制作

绝大多数昆虫（尤其是成虫）都可制成干制标本。这在教学、科研等方面有着广泛的应用价值。制作昆虫标本的主要工具如下。

1）昆虫针

昆虫针按粗细分为00号、0号、1号、2号、3号、4号、5号，共有7种规格。它可把昆虫扦固于标本盒内，并借以摆好位置。其中00号最细小，主要用于扦固小的虫体。

2）刺虫台

刺虫台用来统一昆虫针上虫体和标签的位置，使昆虫盒内所有虫体、标签的高度一致。刺虫台是由3块木板黏合在一起的，3块板的每一级厚0.8cm，长度一级为12cm、二级为8cm、三级为4cm，三级宽度都为24.5cm。每级上面中心有一从表面到底的小孔，孔径以能插入5号针为宜（图7-5）。小孔用来把虫体推至针上的一定位置。

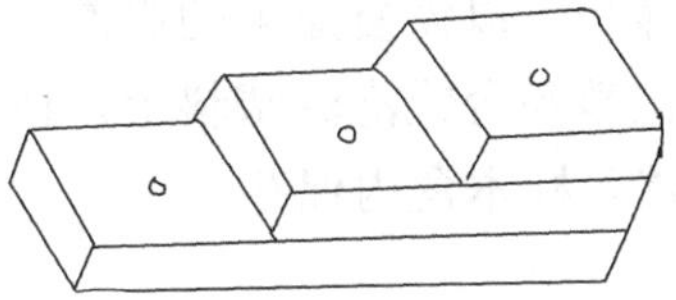

图 7-5　刺虫台

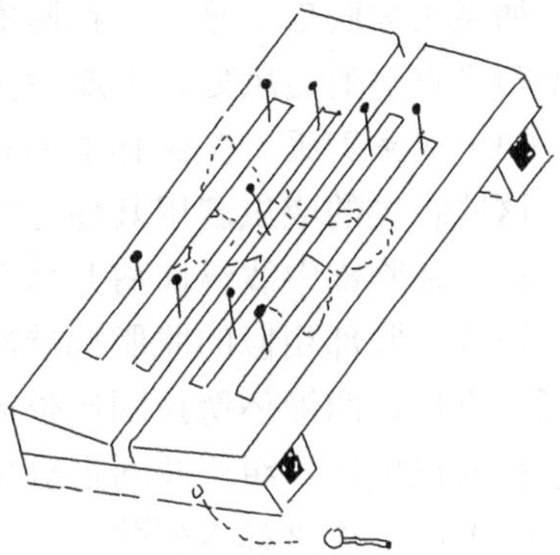

图 7-6　展翅板

3）展翅板

展翅板是一种专门用于伸展昆虫双翅的重要工具，选用较疏松的木料制成，其构造见图 7-6。展翅板中间沟槽的底部铺以软木，必要时可用来插针，槽旁两块木板中的一块能根据虫体的大小而自由移动，来调节沟槽的宽度。

昆虫标本制作的主要方法有以下几种。

（1）成虫针插法标本制作　针插法是固定成虫的一种最简单实用的方法，制作时用昆虫针将昆虫刺于刺虫台上。昆虫针插入昆虫体内时应与虫体纵轴相垂直，虫体背面通常留针 0.8cm 高。针插完毕后须进行整姿，主要是纠正触角、足和翅的姿态，并在针上插上标签。整姿后的标本放入 35～38℃烘箱内烘干，然后移入标本盒内保存。插针的部位因昆虫种类而异。常见昆虫目的插针位置如下。

直翅目：从前胸背板后部，背中线偏右处插入。

鳞翅目、膜翅目、双翅目：从中胸背板中间稍偏右插入，位置略在中胸足附近。

同翅目、蜻蜓目：从中胸正中部插入。

鞘翅目：从右翅近基部略近中线处插入。

半翅目：从中胸三角形、檐片稍偏右处插入。

（2）成虫展翅法标本制作　鳞翅目、双翅目、蜻蜓目、膜翅目、脉翅目、直翅目等种类可采用此法制作标本。

先根据上述针插位置将昆虫用昆虫针插好，按虫体宽度大小调节展翅板的沟槽。将昆虫的头胸腹嵌入展翅板的沟槽内，翅呈水平状展于板面上。然后用纸条压住翅，并用大头针固定。展翅时，通常先展左侧前后翅，再展右侧前后翅。鳞翅目、直翅目、蜻蜓目等前翅后缘比较直的种类一般以两个前翅后缘左右成一直线为准；双翅目和膜翅目昆虫以前翅的顶角与头左右成一直线为准，脉翅目昆虫的前翅后缘呈圆形，则以后翅的前缘左右成一直线为准。

展翅后开始整姿，即摆正昆虫的头部，使触角呈倒“八”字形平伸于头的前方，如果虫体腹部下垂，可在腹面垫以软纸团支撑。调姿后的昆虫连同展翅板置于无阳光直射的通风处，干燥后拔去大头针，去掉纸条，移入标本盒内保存。

（3）成虫剖腹干制法标本制作　适于一些腹部较大的种类，如螳螂、蝗虫等。这些种类的成虫若用其他方法，标本干燥后会缩瘪，且极易发霉变质。制作时，沿虫体腹部中线纵向剪开体壁，取出内脏后用脱脂棉擦拭干净体腔内壁，然后将捏成与腹部相似的脱脂棉球蘸上樟脑粉塞入体腔，以恢复原来的虫态。然后用镊子将切口两侧体壁拉回原位展平，把昆虫放在整姿台或泡沫塑料上，按规定部位插入昆虫针，纠正并固定触角、足，干燥后移入标本盒内保存。

（4）小型成虫标本制作

① 二重针刺法。将普通卡片纸裁剪成两边长 1cm，底边长 0.4cm 的三角形小卡片，在靠近底边处插入大号昆虫针。用 00 号短针针尖朝上插入三角形小卡片近尖端，将小型昆虫固定在短针尖上，并将标签穿在昆虫针上，然后插固于标本盒内。

② 胶粘法。此法适用于不宜针刺的小型昆虫，如蚜虫、蚊子等。将上述的三角形小卡片插在昆虫针上，在卡片近尖端滴一小滴透明胶液，图 7-7 为二重针刺法将虫体置于胶液上，整形后插上标签插固于标本盒内。

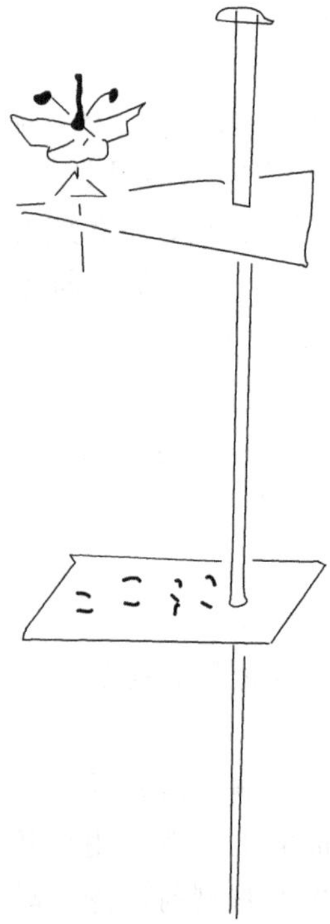

图 7-7　二重针刺法

（5）幼虫吹胀标本制作　把昆虫幼虫放在草纸上，用右手食指揿住虫体尾部，略向后部推压，让虫肠从肛门翻出。用一根玻璃棒，从虫的头部向尾部滚压，挤出粪便。可以多滚几次，直到挤净粪便为止。把 9 号注射针头（小型幼虫用小些的针头）从翻出的肠口插入，用棉纱线扎在外翻的肠上（不能扎在肛门上），连同针头一起扎紧。针头另一端接插注射器，慢慢注入空气，使幼虫膨胀到原来的体态。在加热的玻璃罩内烘烤幼虫，边烘烤边转动虫体，烤干后剪去扎线，轻轻地拔出针头。用油画颜料按幼虫原来的体色涂上颜色。用白胶水把软木塞粘在玻面纸盒里，然后在昆虫胸部的腹面滴少量胶水后粘在软木塞上，并贴上写明昆虫学名的标签。用毛笔在标本上涂一层五氯酚钠乙醇溶液防腐，并在盒内放上樟脑和干燥剂。

4. 鸟卵、鸟巢标本的制作

1）鸟卵标本的制作

制作鸟卵标本时，在卵的一侧用注射器针头打一小孔，然后用一玻璃管吹空气入卵，卵内容物便被排出。吹气时，使孔朝下，如此反复多次，直至卵内物质除净为止。然后用清水冲洗干净，最后用少量石灰糊剂注入卵内，把卵旋转几周，防止害虫钻入和增强其坚实性。最后将标本有洞的地方朝下放入垫有棉花的标本盒内保存。

2）鸟巢标本的制作

采得鸟巢后，记录鸟巢自然环境、生态条件以及巢深、内径、外径等资料，清除巢内粪便等脏物，用敌敌畏喷射消毒鸟巢，置于通风处阴干。制成的鸟巢标本保存于标本盒内，或放置于鸟巢托架上。

思 考 题

1．生物学实验材料的采集和培养怎样结合中学教学活动开展？

2．怎样制作生物标本有利于教学？

第8章　生物学实验教学的主要场所

内容提要：①实验室；②培养室；③实验园地。了解各种生物学实验教学场所的特点和作用，学会设计和建设生物学实验园地。

生物实验室、生物培养室、生物实验园地是放置生物学实验设备和开展实验教学的主要场所，设计好、建设好、管理好这些场所，是搞好生物学教学的保证。

8.1　生物实验室

学校实验室是师生进行教育教学的重要场所，也是学校必备的基本条件之一。没有实验室的学校是一所教学条件不完备的学校。生物实验室是生物学教学不可缺少的教学用房，是生物学实验教学使用最多的场所，这是由其任务决定的。

8.1.1　生物实验室的任务

1. 生物实验室是生物学实验教学的基地

在教师的指导下，学生通过实验，获得新的知识，验证巩固所学的知识，同时还学习和掌握生物学基本技能，培养观察能力、实验能力、思维能力，初步学会一些生物学的研究方法。

2. 生物实验室可以作为生物教学的专用教室

由于生物学科本身的特点，观察和实验成为生物教学中主要的形式，因此，国内外都提倡在生物实验室上课，即把生物实验室作为生物教学的专用教室。这对于改变以讲授为主的教学模式，促进生物学教学改革，都有重要意义。

3. 有利于培养学生的实验技能和科学态度

生物学科的许多知识都是通过实验发现的。实验是增长知识的过程，同时也是培养学生实验技能的过程。技能是态度、方法、手段和技巧的综合，培养学生的实验技能，主要是使学生养成科学的实验态度，掌握正确的实验方法以及为了顺利通过实验而采取的必要的手段、技巧。为此，每一次实验，教师都应遵循以学生为主体、教师为主导的原则，在教师的指导下，由兴趣小组提出实验方案，由学生去完成实验过程，并要求实验成员做好观察和记录，总结实验方法、手段和技巧，再写成小论文。利用对照组，采用数理统计的方法，在同一环境条件下进行实验操作，再利用图表统计、分析实验结果，这一系列过程不仅可以培养学生严谨的科学态度，也可培养学生处理问题的技能、技巧。

4. 生物实验室是生物学课外活动小组的活动基地之一

生物实验室是学生开展第二课堂的主要场所之一。在生物学教师的组织下，课外活动小组可以利用生物实验仪器设备进行试验，有利于培养学生的生物学实验技能和独立工作能力。

8.1.2 生物实验室的建设

建设合格的中学生物实验室，无疑主要是学校相关部门的责任，但现实的情况是他们大都只能在资金的筹措方面发挥作用，而实验室的科学设计，设备配置，乃至管理，都需要生物学教师出主意、想办法。因此，要提倡和发扬生物学教师的主人翁精神和责任感，积极投入生物学实验室的建设。

根据生物学教学的需要和发展，生物教学用房应该配套，包括生物实验室、实验准备室、标本室和贮藏室等。

1. 选择合适位置

实验室宜选择楼房向阳面房间，要求干燥、通风和采光良好，以利于供作实验材料的动物、植物正常生长。学生实验经常使用光学显微镜进行观察，要求透光面积与实验室面积的比例适当，一般为 1 : 4 或 1 : 6，光线应从学生座位的左侧射入。为了使光度适合，应挂白色或淡蓝、淡绿色窗帘。同时还应安装用黑红两色布做成的双层窗帘，便于放映幻灯、录像、电影时遮光。

2. 合理进行室内设计

现在国内大多数生物实验室的座位设计是教室的翻版，学生一律面向讲台，与以教师的教授为主的教学模式相适应。而学生实验是活动，多数是小组形式的活动，这种刻板的座位安排，难以适应实验活动的开展，需要做相应的改变。另外，生物实验室大多四壁空空，顶多有几张生物学家的相片，而窗台、几案之上也大多空空如也。不具备学习生物科学的环境，不像学生生动活泼的学习场所。因此在实验室设计过程中应结合学科特点，充分体现科学性、合理性、安全性，张贴实验注意事项和相关实验图片，窗台放置盆栽植物等。

（1）实验室大小　实验室的大小依每次参加实验的人数而定。平均每人约占 1.4m^2 左右，一般 40～50 人同时上实验课的实验室，其面积为 60～70m^2。实验室的面积太小难以活动，教师也不便于指导。

（2）黑板和演示台　黑板的规格一般为长约 2.8m，高约 1.2m。黑板距地面高 1m。黑板的上方应钉有供挂图或挂屏幕的木条，下面和两边应安装电源插座。演示台是教师做示范实验用的台子，应放在高约 20cm 的水泥讲台上。演示台应有足够的宽度和长度，有长方形和半圆形两种，一般设有抽屉和隔板，供放置演示物品和教具用。演示台的一端装设水槽和自来水管，另一端安装电源插座。

（3）实验桌　种类较多。最简单的是普通的长方桌，有抽屉或无抽屉，供 4～6 人围坐，较适合做解剖实验观察用。有条件的两人一张实验桌。

（4）电源和水池　为了给每张实验桌上的日光灯供电，需将电线外面套上塑料管，埋于水池地面的沟槽内，上面封严、扶持抹平，电线通到桌下，再沿桌脚内侧连于插座。由于中学生年龄较小，且活泼好动，不宜用多功能插座往各桌拉线，以免发生事故。

3. 配置实验教学仪器

具有教学特点，体现教学思想，在教学中或主要教学中使用的实物、模象、直观的教学器具叫做教学仪器。“具有教学特点”，使用范围为“教学过程”，这是所有教学仪器具有的最一般的共同属性，是界定教学仪器和其他仪器的原则。教学仪器的使用对象是具有主观能动性的人，目的在于传授知识、培养能力，注重过程而不是着眼于结果。这是教学仪器与其他仪器本质的不同。在实验室中应展示常见的仪器、重要的装置和药品，说明用途、性能、操作要求和仪器的简单维修方法等；教学模型、挂图、幻灯片等应分类保存。

一般的生物学实验室应该配置以下仪器：生物显微镜（1000 倍、500 倍）、生物显微演示装置、双目立体显微镜、手持 5 倍放大镜、高压灭菌锅、蒸馏水器、恒温水浴锅、烘干箱、电冰箱、恒温培养箱、听诊器、方座支架、三脚架、试管架、1.5m 软尺、200g 托盘天平、红液温度计、水银温度计、干湿温度计、血压计、肺活量计、计数器、解剖器、解剖盘、骨剪、接种箱、接种环、植物（光合作用、呼吸作用、蒸腾作用）实验器、徒手切片器、打孔器、仪器车等。

8.1.3　实验室建设注意事项

1. 注意实验室安全

要十分重视实验过程中的安全问题。

第一，要注意实验环境安全问题，主要包括用电安全，防火，腐蚀和有毒药品的使用安全，锋利器械的使用安全等。

用电安全。生物教师和实验员应了解实验室、实验准备室、标本室的电路，知道总电闸及保险丝的所在。使用电源时，要对学生进行安全用电教育，发生事故立即报告教师及时处理。严防实验室超负荷用电，一旦出现用电事故应马上切断电源，打开总电闸，防止蔓延造成大祸。

防火。实验室外走廊墙上应安放灭火器、沙箱，教师和实验员应懂得灭火器的使用方法。对于学生初次使用酒精灯、电炉等，要预先讲解使用方法及安全措施。在学生实验过程中教师要经常检查易燃易爆药品的使用是否安全。要经常进行防火安全教育，严防火灾的发生。

第二，学生进行实验过程中的安全，最需要注意的是接触药品后的冲洗和眼睛的保护。为了师生能够在生物实验过程中安全、顺利地完成实验，教师必须要让学生了解和意识到生物实验过程中的安全问题，并能够采取必要的措施，以防意外事故的发生。

第三，如果实验涉及户外工作，要注意防止当地可能发生的意外。

2. 区分实验分组和仪器分组

提倡适当增加实验分组的人数，以便小组相互协作和讨论，因为“科学探究常常是协作性的活动，因此学生们应该在小组合作中认识到进行信息、观念、思考的分享和相互启发的意义，并获得交流合作的经验和能力”，实验小组起码应该有 4 人，也可以是 6 人甚至 8 人，小组合作的人员最好是面对面的。小组人数增加，小组数当然就减少，这样可以节省许多通道的空间，无疑对在现有和教室一般大小的实验室空间里进行多功能设计具有很强的现实意义。如何解决人数增多而减少了操作机会的问题呢？这就必须区别对待仪器分组。仪器分组相对实验分组较为灵活，视具体实验内容而定，操作性较强的实验器材可以做到 2 人一份或 1 人一份。例如，“探究 DNA 双螺旋结构”所用的组件，做显微镜观察有关的器材如显微镜及玻片标本等。虽然仪器份数增多了，但是小组成员仍然在一块活动，而像“探究光合作用和哪些因素有关”的器材和许多的生理生化实验器材以及较大的模型就没必要那么多了，每小组一份足够了。美国生物科学课程研究所（Biological Science Curriculum Study，BSCS）开发的 BSCS 高中教材中对学生分组的要求就不是固定的，依实验内容的不同而变化，课外观察、记录和查阅等必须自己完成，所以实验分组和实验桌的排布有关，目前流行的 2 人一组不利于开展小组探究活动，实验桌的组合性能也差，应着手研究提出合理解决这一问题的方案。

3. 实验桌的组合应有较大的灵活性

可以随意变化实验分组的人数。比如，可以变 4 人一组为 6 人一组，还可以变方便实验探究的方式为方便教师同学演讲的方式，越灵活，实验室的使用率就越高，经济效益也就越大，为了做到这一点，电气接入应和实验桌分开，实验桌也应小型化。也许我们已经习惯了固定式排布，但是只要有利于学生灵活分组、协作实验和共同探究讨论便是可取的。总之，应及早着手研究，提出一套全新的设计方案，供生产厂和学校使用，走在课程全面推广使用之前，否则新的教学理念将很难落实。

4. 考虑计算机终端作为实验器材的可能性

在预埋电气管道时应留出足够的空间，以便所有的计算机能够连在一起，整个实验室也应预留有与网络连接的接口。

5. 实验室在非实验时间向学生开放的功能

注重实验室周边空间的利用，设置一些可以临时存放实验仪器、药品、试剂和材料的地方，可以腾出许多通道，实验室可利用的空间自然就增大了。

8.1.4 实验室的管理

实验室是一种特殊的教学场所。实验室是一个人、财、物、实验活动、信息等要素有机结合的整体。“三分建，七分管”，建是基础，管是关键。实验室房屋建设与教学仪器配备一次性投资就能见效，管理则要大量的、坚持的、体脑并用的劳动方能见效。实验室管理必须从整体出发，把系统内部各要素结合起来，全面系统地管理。管理工作者遵循系统管理原则，在工作中相互协调，密切配合，处理好各方面关系，把实验室工作做好。

1. 实验室管理原则

（1）目的性原则　实验室各项工作都是为完成教学任务，满足实验教学的需要。

（2）发展性原则　实验室各项管理要有长远考虑，超前意识，包括实验室用房建设、布局、结构等。

（3）管理和使用相结合的原则　“管”的目的是“用”，所以实验室既要管好，还要管活，给师生提供使用上的方便。

2. 实验器具、药品、标本等的管理

1）实验器具的管理

显微镜、解剖镜等精密贵重仪器要建立使用登记册，学生每次使用前要认真检查和填写，发现问题要立即报告和查清。显微镜用后要取下目镜，盖上防尘盖，放入镜箱。解剖器用后要擦干，如果长时间不用时，要涂上凡士林，以防生锈。实验仪器和用具不要与腐蚀性药品放在同一柜箱内，防止被腐蚀。高压灭菌器用

后将水倒出、晾干。恒温箱不用时切断电源。幻灯机、投影仪用后要用防尘罩罩好，防止灰尘落入。各种实验仪器要定期检查，发现故障及时维修。

2）实验药品的管理

化学药品要分门别类地放在药品柜内，因有的药品须避光保存，所以药品柜一般不用玻璃门，制作时镶上纤维板或胶合板。一般药品与剧毒药品、危险药品要分开存放。剧毒药品和危险药品要按公安部门有关规定存放在学校指定地点，由专人负责，定期检查。酸、碱等腐蚀性药品使用时，要求学生注意不要溅到衣服和皮肤上，若不小心溅到身上，应立即用大量清水冲洗。剧毒药品严格控制使用，要有专人保管。锋利器械，如解剖刀、解剖剪等工具刀口锋利，使用时均有一定操作手法，在第一次使用时，教师要作示范讲解，以免学生割破手指。

3）标本、模型、挂图的管理

动物和植物标本要按分类系统放入标本柜中，注意通风，防止腐烂发霉，并在标本柜中放上卫生球，浸制标本的瓶口蜡封要严，保存液要随时补充，要超过标本材料。在北方，冬季浸制标本还要保温存放。剥制标本要陈列在带玻璃门的标本柜内或标本架上，注意防潮、防尘、防蛀。

各类模型用后要放在柜橱内或标本架上，某些生物模型由于用料关系，不宜用湿布擦拭，除平时保管中注意清洁外，一旦有灰尘附着其上，可用鸡毛掸拂拭，模型凹陷处的灰尘可用橡皮球吹掉。

生物教学挂图，最好进行裱糊，卷成轴式，按教学内容编号存放，以利于保管和使用。

3. 实验室日常管理

1）设专人管理

实验室所有的仪器、标本、模型、挂图等都要登记入账，设专人管理。实验室管理人员必须掌握保管显微镜，使用恒温箱、电冰箱，保存和配制药品，以及保存动植物标本的知识、技术和方法。

2）建立规章制度

有了规章制度，管理任务便于落实和检查。实验室的规章制度，各校可根据管理的需要自行制订。在第一次进行生物学实验前，应对学生进行实验室规则讲解和安全教育，使学生自觉遵守实验室规则，保证实验教学安全顺利地进行。

实验室规则可根据不同学校具体情况拟订，但一般均应有以下几方面内容。

① 在实验室内要保持安静、清洁、活动有秩序。

② 认真预习实验内容，明确实验步骤和方法，遵守实验操作规程。

③ 实验过程中应仔细观察实验现象，准确记录实验数据和现象，最后认真整理数据，分析实验现象，撰写实验报告。

④ 实验结束后，应清点、整理好实验仪器和药品，刷洗玻璃器皿，把废物、废液倒入废物缸内，清扫实验室，检查水、电、气的开关是否关好，关好窗户，经教师检查无误方可离开实验室。

⑤ 要爱护公物，对因不遵守实验操作规程造成仪器、标本等损坏的应予赔偿，对于丢失物品要追查责任。

4. 加强实验室管理的措施

1）提高管理水平

可从以下几方面提高管理水平。①根据教学大纲和教材的需要，结合学校的实际情况，制定生物学实验室建设规划、配备标准和装备要求，正确合理地选择、采购、配备仪器设备，做好验收、登记、建账、立卡等账册管理工作。②仪器的陈列存放要做到科学、规范、安全、合理、美观、方便。③建立健全实验室计划、记录、总结等各种资料档案，强化管理措施，提高实验室及仪器设备的利用率。

2）提高实验员素质

实践证明，素质良好的实验员队伍是开展生物学实验教学、做好实验室管理的关键。因此，加强实验员队伍建设，提高实验员素质是实验教学管理的重要目标和任务。学校应注重实验工作人员的选调和培训，并通过分期分批对实验员进行业务培训、颁发合格实验员上岗证等，逐步提高实验员的管理水平和专业素质。

3）开放实验室，提高实验室利用率

在保证完成教材规定实验的同时，要充分利用学校现有条件，向学生开放实验室，尽可能给学生提供动手动脑的机会。调查发现有62.6%的教师认为可以开放实验室，27.3%的教师认为非常有必要开放实验室；51.2%的学生要求开放实验室，61.7%的学生想做一些生物学实验，但由于没人指导、实验室不开放而受到限制。对学生开放实验室很有必要。如果做不到对全体学生开放，至少对一些有生物学特长的学生或得到生物学教师批准的学生，提出做一些课外实验要求时，实验室都应给予开放，并给予一定的指导和帮助。学生利用课外时间进行实验操作、观察和思考，可进一步获得实验能力、操作能力和创新能力，并在这种“自我控制”的课外实验中，使学生产生一种内在的探索知识的动力。

除让学生根据自己的兴趣和学习需要随时做一些生物学课外实验外，教师还可将教材中的实验加以引申，引导学生做一些课外实验，如在进行完“生物组织中可溶性还原糖的鉴定”实验后，让学生在课下尝试利用其他材料验证该实验，如白萝卜、西瓜瓤等，并提出观察重点和思考题。

4）引进考评机制，调动实验员工作积极性

在实验室管理工作中运用评估考核，有两方面的优点：①可以肯定成绩，总结经验，交流成果，充分调动实验室工作人员的积极性和主动性；②可以发现问题，找出薄弱环节，从而有针对性地对实验室管理工作进行探索、研讨和改进，使管理水平不断提高，使实验教学不断改进。因此，学校可以在实验室工作管理上同样引入考评机制，如定期评出“优秀实验室”“实验室工作先进个人”等。

8.1.5　实验室管理人员的素质要求

1. 高尚的思想素质和良好的职业道德修养

实验教师是教师队伍中的重要成员。经常与酸、甜、苦、辣相伴，工作十分辛苦，但要看到实验教学在提高学生素质中的重要作用，乐于献身实验教学。

2. 广泛的实验专业知识

实验室管理人员要广泛从各种书籍、刊物、仪器说明书中去收集整理实验室的常规技术和理论。掌握规范的操作技术，各种生物实验仪器的使用和操作技能，明确中学生物实验的过程和原理。

3. 科学的实验管理知识

实验室的管理内容杂而细，只有认真对待，才能在日常生活中不断学到和积累管理知识，才能使管理工作科学、合理、细致。熟悉各种账目的记账方法和相互关系；了解药品的性质，做好保养工作；使仪器、药品处于正常使用状态；合理布置实验室；合理制定仪器设备采购计划。

4. 相关的辅助知识

除本学科的知识，还要学习一些其他相关的知识，如机械原理、机械制图、微生物学、植物生长素等常识性知识等，有助于仪器的自制、改进、维修，有利于指导学科兴趣小组。

5. 实验教师要有良好的思想素质

在实验课上，对学生要严格要求，督促学生做到：实验前先检查桌上的物品是否完好；做完实验，要把用具清洗干净，放回原位；下课将凳子放回桌子底下；将自己座位上废弃物品带走。

8.2　培　养　室

生物培养室是建立在校舍内，专门培养活的动物、植物以供观察实验材料之用的保温透光的场所。

8.2.1 生物培养室的任务

1. 培养观察实验材料

生物培养室培养观察实验材料，都是紧密配合教学进度，按计划提前培养。例如，使菜豆和玉米的种子萌发，讲授种子萌发时使用；培养天竺葵，供光合作用实验使用；培养衣藻、水绵、苔藓、蕨类、花卉等代表植物，讲授植物类群时使用；培养草履虫、变形虫、水螅等代表动物，讲授原生动物、腔肠动物时使用。

2. 进行长期观察实验

生物的生长发育过程以及外界条件对生物的影响，在短时间内是难以看到的，生物培养室是进行长期系统观察实验的场所。例如，培养蛙的受精卵，观察动物的变态发育；养殖蝗虫和菜粉蝶，观察昆虫的不完全变态和完全变态发育过程；饲养果蝇，进行杂交实验。

3. 课外小组活动基地

把生物培养室作为课外小组活动基地，不仅为课外活动提供了场所和设备，而且还能把生物培养室的工作纳入课外活动计划。一方面充实了课外活动的内容，便于课外小组的成员参与生物培养室的管理；另一方面使课外活动直接为课堂教学服务。

8.2.2 生物培养室的建设

1. 生物培养室设置的场所

生物培养室最好与生物实验室相通连。理想的生物培养室是一半玻璃屋顶一半普通房间组合而成，既保证阳光充足，又防止夏季过热；既能培养喜光植物，又能培养耐阴植物。如果没有条件单独设置，生物培养室还可设在大型实验室向阳的一侧。可以加宽窗台，或放置长条桌来培养生物，最好用玻璃框与实验室隔开，这不但有利于保护培养室内的生物，防止其在上实验课时受到损坏，还有利于防止灰尘和控制培养条件。有的学校把生物培养室设在走廊的尽头，只要阳光充足，稍加隔离就可以了。尽管面积小些，但总比没有要好得多。如果上述条件都不具备，还可在教室后面的一侧，开辟生物角。在这里放一张课桌，用花盆、木箱、玻璃水槽、罐头瓶等培养小型的生物，这种设施虽然简陋，但从培养观察实验材料和进行长期观察实验来说，却是简单易行。在教室里设置生物角要征得班主任的同意和支持。

2. 生物培养室应有的设备

生物培养室应该配有以下设备：显微镜，解剖镜，放大镜，天平，电炉，温度计，喷壶，喷雾器，各种化学药品，各种玻璃仪器，包括烧杯、量筒、量杯、培养皿、漏斗、试管、玻璃水槽、养鱼缸等。

此外，生物培养室还要有电源，上水、下水设备；在北方，冬季要有加温设备。

8.2.3 生物培养室的管理

生物培养室工作包括以下 4 个方面的内容：教师为课堂演示和组织学生实验所做的准备工作；课外作业中不宜在野外和家庭中进行的项目；课外小组活动的内容；联系地方实际的内容。

生物培养室工作要紧紧围绕生物培养室的任务开展，应体现为生物教学服务，必须严密组织，加强管理，保证各项工作顺利进行。

1. 制订培养计划，及时提供观察实验材料

每个学期开始，在制订学期教学工作计划的同时，制订生物培养室的工作计划，紧跟教学进度，及时提供观察实验材料。

生物教学所需的鲜活材料，都要按其生长发育到某一阶段所需的时间提前培养。利用生物培养室，在教师的指导下，让学生亲自动手培养。例如，在讲授“种子的萌发”前两周，教师可指导学生根据教材要求，分别种植菜豆种子和玉米种子，为“种子的萌发”的教学提供观察实验材料。

2. 拟定观察实验提纲，指导学生进行观察实验

学生在生物培养室的活动，多数是在课外时间独立进行，教师往往不亲临现场。有些观察实验，要经历较长的时间，为保证观察实验正常进行，收到预期效果，教师要拟定详细的观察实验提纲印发给学生，指导他们观察和实验。

3. 建立工作制度，落实管理责任

生物培养室要在教师的指导下由生物学课外活动小组负责管理，并在他们的统一组织下，要经常检查生长发育是否正常，有无病虫害，饲养的动物每天都要有人喂养，假期要轮流值日。

生物培养室工作，首先要为课堂教学服务。培养鲜活材料必须及时，不能过早，更不能拖后。由于生物的生长发育要受环境的影响和制约，所以要严格控制培养条件，这就要求学生在生物培养室工作时，认真负责，一丝不苟。要实现上

述要求，必须建立相应的工作制度。

8.3 实验园地

生物教学实验园地，简称生物园或生物角，它是配合生物教学栽培植物和饲养动物的场所。它与生物培养室的区别是，生物培养室受到空间的限制，各种生物都是在人工控制的条件下生长发育，而生物园中的生物，都是在自然条件下生长发育。

生物实验园地是露天活动的生物实验室，也是学生课外活动的重要基地。学生课外活动课的开展，总是受人员、场地、时间、材料和经费等条件的制约，而利用生物园来开展课外活动，则能较有效地解决上述问题，为广泛、持久和深入地开展生物学课外活动，创造了有利条件。因此，生物园是开展生物学课外活动的重要基地。它与生物培养室不同，培养室里的生物，受空间限制，是在人为控制条件下生长发育的小型生物，要使学生通过自然条件下种养和观察各种活的生物来学习生物学，就必须建立生物园。

8.3.1 建立生物实验园地的意义

1. 为生物教学提供直观材料

在生物园中，根据教学需要，栽培和繁殖各类群代表植物，饲养小型的各类群代表动物，设人工鸟巢招引和保护益鸟。生物园内还有天然生长的植物和昆虫，再加上人工设置的小型生态系统，生物园能把绚丽多彩的生物界展现在学生面前，在这里学生可以看到生活在自然状态下活的动植物，获得真实生动的感性材料。同时，师生还可利用生物园中的生物资源，制作动植物标本，从而打破时间和空间的限制，随时都可观察。所以说生物园为生物教学提供了丰富的直观材料。

2. 生物园是开展各种试验活动的基地

利用生物园开展课外活动，运作起来较为方便。例如，有的学校利用生物园开展以下活动，取得了良好的教学效果：生长素对大红花空中压条生根的影响；嫁接方法对果树嫁接成活率的影响；番茄、白菜的无土栽培试验；乙烯利对黄瓜雌雄花比例的影响；生长素对植物扦插枝条生根的影响；番茄打顶对侧芽生长的影响；龙眼高位嫁接换冠改良试验；塘虱鱼的人工催产、孵化和育苗试验。

3. 生物园有利于培养学生的创新精神

培养学生的创新精神，是对学生进行素质教育的重要方面。在生物园进行试验时，鼓励学生大胆设想，引入新思维、新方法，不断改进实验设计、实验方法，以唤起学生的创新意识，培养学生的创新精神。例如，水培番茄、白菜时采用带有小孔的泡沫塑料板漂浮在水面作为种植平台；嫁接果树时采用小薄膜袋套住接穗防止水分蒸发；扦插试验时对扦插基质进行灭菌处理，都是实验小组成员大胆设想，勇于创新的尝试。

4. 生物园有利于培养学生的科技兴农意识

利用生物园这块特殊的场所对学生进行科技兴农意识的培养。一方面，通过实验的成果使大家认识到科学技术可以改变农作物的品质和产量，引起学生对农业的兴趣，从而培养他们热爱农业，为农业生产服务的意识。另一方面，利用生物园总结出来的科研成果，让学生带回家乡直接推广应用，去体验自己劳动成果所产生的经济效益和社会效益。例如，有些学生在学校掌握了果树的嫁接技术后，回家为自己的果园进行嫁接育苗；有的学生在学校掌握了龙眼高位嫁接换冠改良技术后，回家对劣种果树进行高位嫁接，使原来的劣种果树变成良种果树；还有的学生在学校掌握了荔枝树、龙眼树的控梢促花技术后，回家乡指导果园的生产，使原来少花少果或无花无果的果树变成高产稳产的果树，还带动当地果树种植的技术改革，取得了较好的经济效益和社会效益。

8.3.2　生物实验园地的设置和规划

为了便于教学和管理，生物实验园地应设在校园内或学校附近。面积可大可小，视客观需要、学校条件和管理能力而定。实验园地要有良好的光照条件和充足的水源，低洼地要修排水沟渠，园地四周要建矮墙或篱笆，建好园门，书写园名，门内两侧用标语牌书写生物学家名言警句，以增加学习气氛。根据教学和实习需要，生物园内可划分为以下各区。

1. 植物区

本区设置植物形态区、植物分类区、阴生植物区、试验区、水池植物生态区、进化类群区、当地经济植物区、苗圃区、常用草药区和观赏植物区。

2. 动物区

本区设置鱼类饲养区、鱼类观赏区、两栖动物饲养区、爬行动物饲养区、鸟类饲养区和哺乳动物饲养区。

3. 真菌培养区

本区由室内、室外两部分组成。室内部分作为培养菌种之用，室外部分选择在较阴凉的树下或荫棚下，作为培养蘑菇、木耳之用。

4. 生态农业示范区

人工创造小型的生态系统，如水池生态系统，池中设置假山，繁殖多种水生的动植物，水生植物中要有挺水植物、浮水植物和沉水植物。假山脚下饲养两栖动物、爬行动物，各种生物间要构成合理的食物链和食物网。本区主要用于生态知识教学，平时供师生观赏。

5. 实验区

栽培粮食作物、经济作物和蔬菜，进行高产实验、杂交实验、各种无机盐对植物生长影响的实验等。各项实验都要设对照区。

6. 温室

用来育苗，栽培蔬菜和花卉，以及进行苗木的无性繁殖。条件较差的学校可建造成本低的塑料薄膜温室，条件好的学校可建造玻璃结构的温室。

7. 绿色教室

由藤本植物构成四周绿色的篱笆和上部绿色的屋顶，内设水泥桌凳和黑板等简单教学设备，供园地上课和科技活动使用。

8.3.3 生物实验园地的管理

生物实验园地是露天场所，比起生物实验室和生物培养室，管理上有一定的难度。要调动校领导、教师、学生三方面的积极性才能管好用好生物实验园地。

1. 建立领导小组

生物实验园地的工作涉及许多方面，因此要请一位校领导担任园地工作领导小组的组长；选一名经验丰富、组织能力强的教师担任副组长，负责园地的具体工作；所有的生物教师最好都是领导小组的成员。为减轻教师的负担，集中精力抓课堂教学，有条件的学校，设一名专职工人，负责生物实验园地日常的劳动和管理。

2. 制订工作计划

为保证实验园地的教学和科技活动有目的有计划地进行，每学年开始，园地工作领导小组要开会制订园地教学和科技活动计划，列出工作日程表，使种植工作不误农时，教学和科技活动充分准备，做到课堂教学、园地实习、课外科技活动统筹安排。

3. 园地各区分工管理

在园地领导小组的统一领导下，组织学生参加管理，如果实验园地面积较大，按年级或班级分区管理，定期轮换；面积较小时，可由课外科技小组成员分工管理。全体学生根据教学计划，在教师指导下，在各区轮流实习和操作。科技活动则可结合教学进行观察、实验，或根据当地生产生活需要，培养作物良种，养殖经济动物，栽种名贵花卉，试验栽培和饲养新技术等。

4. 鼓励学生参与园区管理

新课程理念就生物园的建设与管理更多地体现为教师充分调动学生的积极性，主动参与生物园的建设和管理，尊重学生的创造性和自主精神。因此，每学期都应让学生独立完成一定的观察任务，同时完成观察动植物生长的跟踪记录。

思 考 题

1. 根据中学生物学教学的需要，设计一个生物实验园地。
2. 建设实验室和培养室应注意什么问题？
3. 作为一名生物实验室管理人员应具备哪些素质？

参考文献

包虹．2014．生物学实验教学中探究性情境的创设．生物学教学，5：24-25.

蔡伟丽．2012．农村初中生物学实验开设现状及教学策略研究．长春：东北师范大学硕士论文.

曹化淳．2013．注重生物实验教学 提高学生科学素养．教育革新，1：55.

陈宝林．2012．高中生物探究性实验教学有效性的初探．科技致富向导，6：138

陈继贞．2004．生物学实验教学研究．北京：科学出版社.

陈杰，王魏根．2012．宏观生物学实验教学体系综合设计．阜阳师范学院学报（自然科学版），3：86-89.

陈利云．2011．《中学生物教学论》实验教学初探．生物学教学，1：29-30.

陈明．2013．优化实验评价，促进生物学实验教学改革．生物学教学，8：37-38.

陈晓清．2013．生物学实验教学的绿色评价．教学月刊（中学版），2：21-23.

姜永均．2010．思维定势在高中生物学实验设计教学中的应用．生物学教学，4：47-48.

蒋亚林．1996．细胞生物学实验．上海：复旦大学出版社.

蒋沂蒙．2013．谈如何进行生物学实验课的教学设计．生物学教学，1：36-37.

李国凤．2010．浅谈生物学实验设计方法．教育教学论坛，22：212.

李家龙．2015．浅谈提高高中生物实验教学有效性．中国校外教育，1：129.

李莎．2013．新课改下高中生物学实验教学评价体系研究．新乡：河南师范大学硕士论文.

李正理．1982．植物制片技术.北京：科学出版社.

林国海．2011．高中生物实验教学现状的调查与研究．考试周刊，33：187-188.

刘庆余．2013．中学生物学实验技术．天津：南开大学出版社.

刘亚敏．2015．初中生物学模拟实验的创设、集结及实施．石家庄：河北师范大学硕士论文.

刘毓森，张昕．2001．生物学实验论．南宁：广西教育出版社.

楼允东，王逸妹，傅予昌．1986．关于改革石蜡切片工艺的试验．动物学杂志，21（I）：33-35.

陆健身．2001．生物教育展望．上海：华东师范大学出版社.

罗世军．2015．高中生物学实验教学技能目标的理解与实施．高考（综合版），8：60.

马丽娟．2013．基于生产实践活动改进农村初中生物实验课教学的研究．长春：东北师范大学硕士论文.

孟盈．2016．细胞生物学实验研究型教学模式初探．教育教学论坛，35：276-277.

潘立晶．2010．《中学生物学实验设计与应用》课程建设研究．上海：华东师范大学硕士论文.

祁全新．2012．挖掘校本资源 创新高中生物学实验教学．生物学教学，4：31-32.

秦丽滢．2012．初、高中生物学实验教学衔接研究．兰州：西北师范大学硕士论文.

苏益，蔺万煌，张学文，等．2011．教学研究型生物学实验室建设的实践与探索．实验室研究与探索，5：150-170.

苏育才，陈晓清．2012．如何在生物学实验教学中落实情感教育的目标．中国现代教育装备，16：66-67.

孙凌霞．2014．提高高中生物实验教学的有效性．赤子（中旬），3：395-396.

王波．2014．规范化，让中学生物实验室管理更加完善．科学大众（科学教育），10：26-33.

王金发，王宏斌，刘兵，等. 2013. 创新“细胞生物学与遗传学实验”精品课程建设提升生物学实验教学示范中心的示范作用. 实验技术与管理，6：1-5.
王俊. 1998. 生物学技术. 银川：宁夏人民出版社.
王少岩. 2015. 高中生物学实验教学有效性教学策略的探索. 武汉：华中师范大学硕士论文.
王艺璇，张凤姝. 2013. 中学生物实验教学现状分析与策略实施. 赤峰学院学报（自然科学版），7：236-238.
王永胜.2001. 中学生物学实验技能. 长春：吉林大学出版社.
王志影，白贞女，郝锦峰，等. 2014. 中学生物学实验教学纸笔测试评价设计的原则与程序. 教育教学论坛，1：244-245.
王重力，卢建筠. 2003. 生物新课程的评价与资源. 北京：高等教育出版社.
吴政宇. 2015. 新课改背景下高中生物学实验教学评价体系的分析. 考试周刊，77：144.
项伯衡，郑春和. 2001. 生物学教育测量与评价. 南宁：广西教育出版社.
徐墨涵. 2010. “中学生物学实验与教学研究”课程改革的行动研究. 上海：华东师范大学硕士论文.
徐作英，王重力. 2009. 中学生物学实验教学论. 北京：北京师范大学出版社.
杨汉民. 1997. 细胞生物学实验. 北京：高等教育出版社.
姚琦. 2013. 发挥小助手在生物学实验教学中的作用. 福建基础教育研究，8：119-120.
叶佩珉. 2001. 生物学实验论.南宁：广西教育出版社.
于明涛. 2015. 浅谈高中生物实验设计中的对照原则. 现代教育教学探索，9：25-26.
余水静，邓扬悟，宋秋华. 2015. 以科学研究为导向的微生物学实验教学改革与实践. 教育现代化，15：55-57.
曾小鲁. 1987. 实用生物学制片技术. 北京：高等教育出版社.
张宏宇，王素英，杨晓丽. 2016. 基于主题设计的研究型教学模式在微生物学实验教学中的应用. 生物学杂志，5：125-128.
张鸿卿，连慕兰. 1992. 细胞生物学实验方法与技术. 北京：北京师范大学出版社.
张乃群，朱自学. 2006. 植物学试验及实习指导. 北京：化学工业出版社.
张启元. 1996. 现代生物学技术. 北京：北京师范大学出版社.
张祥. 2011. 中学生物实验课教学模式构建的初探. 新课程（上），1：118.
中华人民共和国教育部. 2011. 全日制义务教育生物课程标准（实验稿）. 北京：北京师范大学出版社.
周晋. 2009. 中学生物实验教学的现状调查与分析. 河南职业技术师范学院学报（职业教育版），6：124-126.
周蓉蓉. 2014. 高中生物实验教学中应用过程性评价培养学生实验技能的研究. 上海：上海师范大学硕士论文.
朱晓林. 2014. 基于技能的高中生物实验分类研究. 实验教学与仪器，9：29-30.